KB194396

로맨틱 시간여행

시칠리아 몰타

로맨틱 시간여행 시칠리아, 몰타

발행일 2025년 6월 13일

지은이 정지섭
펴낸이 손형국
펴낸곳 (주)북랩
편집인 선일영
디자인 이현수, 김민하, 임진형, 안유경
마케팅 김회란, 박진관
편집 김현아, 배진용, 김다빈, 김부경
제작 박기성, 구성우, 이창영, 배상진
출판등록 2004. 12. 1(제2012-000051호)
주소 서울특별시 금천구 가산디지털 1로 168, 우림라이온스밸리 B동 B111호, B113~115호
홈페이지 www.book.co.kr
전화번호 (02)2026-5777
팩스 (02)3159-9637

ISBN 979-11-7224-668-6 03980 (종이책) 979-11-7224-669-3 05980 (전자책)

시칠리아와 몰타를 렌터카와 함께한 여행

로맨틱 시간여행

시칠리아 몰타

정지섭 지음

북랩

Prologue

시칠리아를 둘러보고 싶다고 생각한 것은, 본격적으로 이탈리아 여행을 준비하면서부터다. 여행에 필요한 사전 자료와 지식을 모아가는 과정에 문득문득 시칠리아를 빼놓기는 아쉬운 순간들이 진도를 더디게 하였다. 고대 로마, 중세, 근대와 현대에 이르기까지, 반도와는 가지고 있던 모습을 직접적으로 영향을 서로 주고받은 흔적을 쉽게 발견할 수 있었기 때문이다. 로마와 카르타고의 지중해 패권을 놓고 벌인 포에니 전쟁과 로마와 전쟁 중 사망한 과학자 아르키메데스 등 많은 사실이 얽혀 있었고, 자연히 시칠리아는 역사뿐 아니라, 문화, 예술 그리고 이탈리아반도 사람들과 일상의 삶 속에 같이 숨 쉬고 있다는 것을 알았다. 이렇듯 이탈리아에 대한 자료를 살펴보는 과정에, 시칠리아에 대한 궁금증은 더 커져만 갔고, 결국 직접 여러 방면의 갈증을 해소하기로 했으며, 내친김에 3일간의 몰타 일정도 포함하였다.

시칠리아에 가려면 이탈리아에 도착해서 한 번의 절차를 더 밟아야 하므로 여행지로는 멀게 느껴졌었다. 그러나 곰곰 생각해 보면 시칠리아를 목적지로 두고 한 번의 절차를 두는 것은 유럽뿐 아니라 전 세계의 대도시를 뺀 여타 도시들과 마찬가지이다. 더욱이 이탈리아반도를 여행하는 목적으로 출발했다면 여행 기간만의 차이가 있을 뿐 국내 여행을 하는 것과 별반 다르지 않다. 이탈리아 내에서 항공기로 가는 경우, 팔레르모와 카타니아로 가는 항공편이 많고, 렌터카가 필요하면 공항 픽업이 가능하다. 반도 내에서 여행 중 페리로 가려면 나폴리 항과 팔레르모, 빌라 산 지오바니와 메시나 구간을 이용하면 된다. 물론 페리는 차량을 가져갈 수 있고, 필자는 메시나로 들어와 팔레르모에서 나폴리로 차량을 가지고 이동했다.

필자는 주로 렌터카와 함께하는 자유여행을 한다. 일정의 유연성과 여행지 선택에서 주도적으로 할 수 있기 때문이다. 이번 여행에서도 시칠리아 뿐만 아니라 몰타에도 페리에 차를 실고가 운전하였는데, 영국식 교통 규칙인 좌측통행 때문에 애를 먹은 기억이 생생히 남아 있다. 하지만 이탈리아 전체가 그렇듯이 시칠리아에서의 운전은 몇몇 고지대 도시나, 구도심의 좁은 헤어핀 도로를 제외하고는 국내 운전만큼 편안하다. 무거운 캐리어나 배낭을 메고 다니기에는 필자의 체력이 부실한 것도 렌터카를 이용하는 또 하나의 이유이다.

자유여행은 스스로를 가이드 삼아 하는 여행이기 때문에, 당사자의 선택이긴 하지만, 여행지는 물론이고 주변의 인문, 지리, 역사, 예술 등 우리의 삶과 연관된 분야에 최소한의 지식을 사전에 파악해 두는 것이 필요했다. 고대로부터 로마 지배권 이전의 시칠리아는 독립된 길을 걸어왔고, 이후에도 현재처럼 완전히 통일된 이탈리아의 일원이 되지는 않았지만, 지역적 특성을 제외하고는, 역사와 문화의 큰 줄기는 같다고 보았다. 이렇듯 시칠리아 여행 준비는 이탈리아반도와 중첩된 부분이 많아 시간과 노력을 줄일 수 있는 장점이 있었다.

세계지도를 펴 놓고 유럽 쪽으로 눈을 돌려보면, 이탈리아는 물론이지만, 특히 시칠리아는 과거 어떤 운명을 겪어야 했는지 한눈에 직감할 수 있다. 그리스인과 일부 소아시아인이 초기 정착하여 번성한 시칠리아는 비교적 변방이라 할 수 있는 현재의 영국, 북유럽 국가, 라인강과 도나우강 동쪽 지역, 소아시아를 포함한 페르시아, 북아프리카 등 거대 세력에 둘러싸인 지정학적 위치에 기후마저 좋아, 누구나 탐내는 땅이다. 고대 로마마저 정복 후 자기 영토가 아닌 식민지 취급을 하였다. 5세기경에는 게르만족의 한 갈래인 서고트족과 반달족이 침입하여 섬을 휩쓸고 초토화했다. 지금도 반달리즘이란 용어가 있는데 이는 무차별적인 파괴의 상징적 단어이다. 이후 비잔틴 제국, 이슬람, 노르만, 신성로마제국, 스페인, 합스부르크, 부르봉 왕가의 지배를 받다 오늘날에 이르렀다. 즉 과거 유럽의 강력했던 세력들은 빼놓지 않고 시칠리아를 취했다는 점이다. 속된 말로 동네북이었다. 근세에 들어와 평판이 좋지 않은 마피아 탄생에는 이러한 역사의 배경이 큰 몫을 했고, 자연스러운 것으로 생각한다. 이렇듯 시칠리아는 생채기가 많은 만큼, 아름다운 섬이기도 하다. 섬 전체에 가는 곳마다 붙여진 세계문화유산이란 훈장은 이곳에서는 가벼운 농담에 지나지 않는다는 것을 알게 되었다.

두서없이 여행지를 생각나는 대로 돌이켜 보면, 시칠리아에 도착하여 힘겹게 올라간 영화 대부 촬영지 마을들을 둘러보며, 왜 감독은 단순한 아름다움이 넘치는 매력적인 이 마을을 촬영지로 선택했는지 수긍이 갔고, 신화가 살아 있는 시라쿠사의 아레투사 샘, 우연히 마주친 지역 축제 등은 감성 충만 여행의 일부일 뿐이었다. 피아자 아르메리나의 꽃으로 둘러싸인 비밀 정원 속 숙소에서 여행의 고단함을 위로받고, 상상을 압도하는 빌라 로마나의 모자이크 감동 여운이 생생한 시점에 주차장 실수는 여행 중 흔히 있는 해프닝이었다. 이것저것 손절하지 못하는 필자의 성격 때문에 늦어진 코를레오네 숙소로 가는 길의 저녁노을은 선물이었고, 악몽 같던 골목 경사로 운전 등은 지금 막 벌어지고 있는 일처럼 비현실적이다. 바로크 건축물들이 촘촘한 군단을 이루고 있는 발디 노토 지역의 여러 도시는 지금도 생각만으로 가슴이 두근거린다. 마치 꿈속에서 본 듯한 몰타의 마르사실로크, 거대 코끼리가 물 마시는 듯한 바다 절벽의 절경에서 만난 바이크 부대 젊은이들과의 유쾌한 대화, 기절할 뻔한 멜리에하의 아름다움은 꿈에서라도 다시 보길 기도하고 있다. 발레타 대성당 카라바조의 '성 요한의 참수' 그림을 볼 수 없어, 가슴이 무너지는 듯한 실망감을 안고 떠나야 했던 몰타는 지금도 현실이다. 두 번의 시도에도 강풍과 구름, 짙은 안개로 감추고 수줍음으로 가득했던 에리체는 비너스의 진한 입맞춤을 통해 먼 나라에서 온 이방인에게 다시 한번 방문하면 속살을 보여 주겠다고 약속하는 듯했다. 금색의 모자이크로 가득하고, 루프탑에서 멀리 팔레르모의 전경이 환상적인 몬레알레의 대성당과는 이별이 아쉬웠다. 구시가의 골목길을 거닐며 시칠리아의 관용을 보았고, 대성당의 루프탑에 올라가 구시가의 광경 바라보며 시칠리아의 정취를 듬뿍 느꼈다. 시칠리아를 떠나기 전 주립 미술관에서 마주한 그림들이 주는 감동 등은 잊을 수가 없다. 이 모든 것들과 손을 잡고 시간의 경계를 넘나들며 발걸음을 같이했다.

필자는 관용의 깊이가 있는 시칠리아를 떠나며 지난한 역사가 잉태한 마피아의 탄생을 이해했으며, 아름다운 시칠리아의 모든 것을 잊을 수 없어 책을 엮어 독자와 공유하고 싶었다. 아울러 여행의 동반자로서 두려울 때마다 용기를 주고, 당황할 때 격려해 준 아내에게 감사한다. 그만큼 책이 나오기까지 아내의 몫이 작지 않았음을 밝혀둔다.

Contents

3장

신들과 여행하는 이야기 속의 도시들

1장

지진과 함께한 바로크 도시들

1.
사보카 Savoca / 포르짜 다그로 Forza D'Agro / 타오르미나 Taormina

우리 부부는 그동안 염원하던 시칠리아로 가기 위해 부두가 있는 빌라 산 지오바니에 도착했다. 이곳에서 페리를 타고 메시나 해협 건너편에 있는 시칠리아의 메시나로 가기 위해서다. 항공편을 이용하지 않고 이곳으로 온 이유는, 렌터카로 육지의 여러 곳을 여행한 한 끝이라 최선의 선택이라 생각했기 때문이다.

부두에 도착하여 페리에 승선 준비를 하면서, 어제 가졌던 의문이 풀렸다. 빌라 산 지오바니와 메시나 사이를 왕복하는 페리는 일종의 정기 노선 버스와 같다. 승선표를 구입한다는 것은 결국 버스 티켓을 구매하는 것과 동일하다. 즉 몇 시에 어디서 승선해서 어디서 하선하는지에 대한 질문도, 표기도 없다. 다만 몇 사람이 며칠날 어떤 차를 가지고 탈것인지에 대한 표기만 있다. 이 페리는 반도와 시칠리아 섬 간에 있는 메시나 해협 정기 항로로 40분 간격으로 수시로 있으며 약 20분 정도 걸린다.

보통 카페리를 예약하면, 인적 사항, 차종, 승선 날짜, 승선 시간, 승선과 하선 부두명 등이 명시되어 있는 것이 필수이다. 그런데

이번 예약 티켓에는 승선 시간과 승선과 하선 부두 명이 없어 잘못 된 것이 아닌가 생각했지만 확인할 수 없어, 표를 구매해 놓고도 불안했었다. 어찌 되었든 이런 시스템으로 되어 있는 페리는 처음 경험해 보고, 혹시 우리나라에도 유사하게 적용할 수 있는 곳이 있는지 생각해 보았다.

이탈리아반도의 남쪽 끝에서 서쪽으로 삼각형 모양의 시칠리아 섬은 넓이가 대한민국 국토의 1/4 정도로 비교적 큰 섬이며, 근세에 마피아의 발생지이자 근거지로 알려져 있다. 육지와는 페리로 20분 거리의 메시나 해협을 두고 마주 보고 있으며, 지중해의 해상 교통의 주요 거점 역할을 하였다. 전략적 요충지라는 지정학적 위치 때문에 거대 세력들의 각축장이었고, 자연히 많은 민족과 다양한 문화를 가진 문화의 교차점이 되었다. 어찌 보면 육지인 반도보다 더 많은 수난의 역사와 다양성을 담고 있는 섬이다. 위도상으로는 서울과 비슷한 북위 37도 근방이지만 기온은 지중해의 영향으로 따듯하고 4계절 변화가 크지 않은 편이다. 한마디로, 기후만 생각해도 살기 좋은 곳이다. 그러다 보니 강한 세력들이 나타나면, 당연한 이야기지만, 군침을 흘리게 마련이다. 고대 그리스 식민지로부터 시작하여, 페니키아, 로마, 아랍, 심지어 노르만의 지배를 받다가, 통일 이탈리아에 이르렀다. 필자가 시칠리아 여행을 하면서 계속 눈여겨 본 것 중의 하나는, 시칠리아가 노르만의 지배를 많이 받았고, 광범위하게 역사 유적이나 문화유산들이 많이 남아 있다는 점이다. 노르만이란 북유럽 바이킹의 후손인데, 프랑스의 노르망디 지방에 터를 잡더니, 어떻게 멀고 먼 지중해의 깊숙한 곳까지 와 무력으로 진압하고 지배를 한 것일까? 중세에는 힘이 약해져 있다 하더라도 지배를 받아야 할 정도로 이 지역에 강력한 힘을 가진 군주가 없었던 걸까?

이러한 역사적 문화적 배경만으로도 필자를 비롯한 많은 여행자의 호기심을 불러일으키기 충분하다. 역사에 대해 지식이 별로 없는 상태에서 이런 의문들은, 이탈리아반도를 일주한 후, 별도의 일정으로 시칠리아를 돌아보는 거부할 수 없는 이유이기도 하다. 몰타 일정 3일을 포함하여 15일간의 일정이지만 자유여행이고, 렌터카로 다니는 여행이라 넉넉한 것은 아닐 것이다.

사보카 Savoca

패키지여행이 아니지만 오늘의 일정은 조금 빠듯하게 계획되어 있다. 최종 숙소는 타오르미나이지만, 영화 대부 마을을 두 군데 들러야 한다. 사보카 마을과 포르짜 다그로 마을이다.

자유여행을 하는 사람들은 부서지고 소모되는 시간이 많다. 그 대가로 얻는 것은, 정해진 일정에 따라 움직여야 한다는 것이 없다는 것뿐이다. 자유 여행자는 숙명처럼 기억에 한계가 있기에 휴대폰으로 수시로 필요한 정보를 검색해야 한다. 어디서 내리고 무얼 타야 하고. 어디서 티켓을 구매하고, 주차하고, 주차 후 티켓 처리는 어떻게 해야 하며, 주차 후 어디로 이동해야 하는지 등, 이루 헤아릴 수 없는 일들을 스스로 해야 한다는 것이다. 이번 여행에서도 이런 일로 피곤함마저 느낀다. 거기다 숙소를 매일 정하다 보니, 어느 위치의 숙소에 예약은 어떻게 하고, 체크인은 어떻게 하고, 주차장은 어떠한지, 또 숙소는 깨끗한지 시설은 나에게 맞는지 등등이다.

산 지오바니 승선 위치에 와보니, 페리와 그 건너편의 시칠리아 섬이 지척으로 가까이에 보인다. 비는 오지 않지만, 옅은 안개가 끼어서 선명한 사진을 찍을 수 없는 것이 아쉬웠다.

메시나에서 하선하여 사보카 마을을 향해 출발했다. 메시나시 자체가 좁은 땅에 건설된 도시라 그런지 페리에서 한꺼번에 쏟아져 나오는 차량으로 교통 체증을 겪으며 시간을 보낸 후, 겨우 외곽으로 빠져나와, E45 고속도로로 진행하다 SP19 지방도를 거쳐 마을의 공용 주차장이 있는 언덕을 오르기 시작했다. 이곳 시칠리아뿐 아니라 대부분의 관광지 구시가지는 산 정상이나 오르기 힘든 험한 산중 높은 곳에 있다. 아마 전쟁 혹은 약탈 등을 피한 방법으로 자연스러운 선택일 것이다. 한 가지 의문은 어떻게 이런 곳에 물을 공급했는지 늘 궁금했다. 아니면 물 공급이 가능한 높은 지역만을 택한 결과일 가능성이 크다.

사보카 마을 가는 길은 좁고 굴곡지고 경사가 심해 조심조심 운전해야 한다. 일명 헤어핀 도로인데, 현지인 차로 추정되는 차들은 빠른 속도로 가지만 필자 같은 사람은 거북이걸음이다. 뒤에서 빨리 가라고 압박을 가하지만 빨리 갈 수도 없는 노릇, 결국 비켜주거나 뒤차 스스로 추월해야 하는데 현지인 차거나 운전에 능숙하더라도 추월 또한 쉽지 않다. 결국 비켜주어야 하는데 문제는 비킬 공간이 마땅치 않다. 좁은 공간에서 겨우 자리를 내주고 나면 마음은 편안한데, 이게 또 문제이다. 금방 다른 차가 또 쫓아와 같은 상황이 반복된다. 그래서 그런지 현지인인 듯한 사람들은 비켜 주는 법이 없다. 다만 뒤차가 알아서 해결하라는 뜻으로 보인다. 오랜 세월 속에 녹아 있는 방법일 것이다.

고속도로 구간은 그나마 마음에 여유가 있어 운전하며 좌측의 짙푸른 지중해와 절벽의 험한 지형들을 감상할 수 있었다. 도로 주변 풍경 중 좌측으로 보이는 지중해 외에 군락으로 자라고 있는 일명 손바닥선인장이 많이 보인다. 우리나라 제주도에서도 많이 눈에 띄고, 농가에서 재배하는 것을 본 기억이 있는데, 꽃이 피고, 열매인 백련초는 이미 식용으로 쓰이고, 화장품과 약재로도 쓰인다고 한다.

메시나 부두에서 사보카 마을 주차장까지는 구글 검색으로는 50분 정도 소요되는 것으로 나오지만, 1시간 반 걸려 겨우 도착했다. 막판의 마을 경사지에 오를 때는, 잊고 있었던 북쪽 알프스의 돌로미티 헤어핀 도로의 기억이 되살아났다.

겨우 마을 입구에 있는 주차장에 도착하여 머뭇거리며 주차 가능 여부를 살피고 주차하고 티켓을 뽑아 차에 두고 나오는데, 필자에게 주차 티켓 뽑는 방법을 묻는 서양인도 있다. 방법을 가르쳐주고 주차장을 나와서 구시가 방향으로 50m 거리의 포시아 거리에 도착하자, 약간의 공간에 광장이 있고, 엄청난 인파가 몰려 있어 놀랐다. 자세히 보니 단체 관광객들이 대형 버스에서 내려, 이곳에서 가이드의 설명을 듣고 있었다. 이 광장은 익숙한 듯 그런 용도로 쓰이는 것 같다. 계절적으로 여행이 한창인 9월이라 이렇게 관광지에는 사람들로 인산인해다.

대부분이 패키지 투어인데, 유난히 미국인과 영국인들이 많다. 아마도 강달러의 덕을 보는 것 같다. 관광버스에서 줄줄이 내리는 이들 대부분이 은퇴자로 보이는데, 몸이 불편한지 지팡이에 의존하는 사람도 적지 않다. 여행의 욕구는 몸이 불편해도 식지 않는다는 것을 보고, 이런 상황에서 나라면 어떻게 할 것인가 잠시 사유해 보았다. 나는 저렇게 되기 전에 가고 싶은 곳들을 마무리해야지 하는 생각을 해본다.

영화 촬영지로 이름난 만큼, 절벽 쪽 난간에는 영화 촬영하는 기사의 조형물이 설치되어 있는데 인증 사진을 찍으려고 사람들이 많이 모인다. 당연히 사진을 찍으려면 한참 때는 줄을 서야 한다.

버스에서 내린 이들 역시 의례 패키지 투어가 그렇듯이 인솔자 특유의 심볼이 걸린 깃발 아래 모여들어 설명을 듣고 병아리가 어미닭을 따라다니듯이 졸졸 따라간다. 자유 여행자는 주차 후 방향감각을 찾는데, 약간의 시간이 걸린다. 방문할 장소를 빨리 찾으려면 구글 지도를 들여다보고 한참을 현실과 지도 사이에 3차원의 개념으로 싱크로시켜야 한다. 그런데 패키지의 단체 관광객들이 있으면 수월하다. 비록 같은 일행은 아니지만 졸졸 따라다니면 휴대폰을 들여다보지 않아도 되고, 덤으로 영어지만 설명도 얻어듣고, 휴대폰으로 사진 찍기에 열중할 수 있다. 사실 자유 여행자에게는 맨땅에 헤딩하듯 다니면서 사진 촬영을 위해 카메라 모드, 구글지도 내비게이션 모드로 왔다 갔다 하는 상황이 되어, 또 다른 피로감을 누적시키는 일이다.

단체 관광객이 모여 있던 곳을 지나, 사진 촬영 하기 위해 오르막길을 올라가 헤어핀 도로가 보이는 전망이 좋은 곳에서 사진을 찍고 멋진 풍경 감상도 하였다. 잠시 후 단체 관광객들이 지나가길래 그들을 따라 영화 대부에서 웨딩 워크가 있었던 장소와 성당 앞의 경사진 길을 올라갔다.

성당 앞은 영화와는 다르게 협소한 것은 촬영 기술인지, 아니면 그 이후 새 건물들이 들어선 것인지 구별하기 힘들다. 주변의 건물들도 오래된 듯 보이기 때문이다. 성당으로 올라가는 길의 보도는 그리 오래된 것처럼 보이지는 않는다. 성당 내부는 예상대로 소박한데, 십자가와 책을 들고 돼지와 함께 있는 조그만 성상이 눈에 띈다.

금욕적인 수도 생활을 한, 성 안토니오 아바테(St. Antony Abbot)라 한다.

그곳을 들러서 내려오던 중 절벽 길가에 있는 카페에 들러 아내와 커피 한 잔의 여유를 즐겼다. 단체가 아닌 개인 여행자들 일부는 이 카페에서 숨을 돌리고, 절벽에서 바라보는 풍광을 즐기고 있다.

골목을 천천히 걸으면서, 이 마을에 사람들이 모이는 이유는 단순히 영화 대부의 촬영지라는 것 때문이라고 생각했다. 사실 그것이 객관적으로는 맞지만, 이곳의 골목을 다니면서 생각이 바뀌었다.

작은 마을이고, 골목들은 경사가 제법 되고 넓지 않지만, 마음에 여유가 생기고 머물고 싶다는 생각이 드는 것으로 보아, 그것이 전부가 아닌 매력 있는 장소라고 생각했다. 촬영 당시와는 주변이 많이 달라진 것 같지만, 이곳을 굳이 선택한 것도 그런 이유가 아닌가 끄덕여 보았다.

포르짜 다그로 Forza D'Agro

사보카 마을의 아쉬움을 뒤로하고 포르짜 다그로 마을로 가려고 차를 주차장에서 후진하다 살짝 걸려 차 뒤쪽 범퍼가 긁혔다. 물론 보험으로 풀 커버가 되어 있기는 하지만 찜찜했다. 모든 일에 서두르지 않으려고 했건만 지켜지지 않은 것이 못내 아쉬웠다.

사보카에서 포르짜 다그로 마을까지는 승용차로 30분이 채 안 걸리는 가까운 거리에 있다. 하지만 가는 길 만만치 않았다. 헤어핀 도로는 기본이고 차선은 아예 없고 그마저 좁다. 천천히 운전하면 될 것 같지만 그것이 그리 쉬운 일이 아니다. 백미러로 보이는 뒤차 운전사의 표정이 보일 정도로 바짝 붙어와 있고 꼬리마저 기다랗게 여러 대가, 마치 내 차가 기차의 앞 차량처럼 끌고 가는 모양으로 보인다. 이 상황을 무시하고 나의 페이스대로 운전하기엔, 웬만한 멘탈의 경지로는 그 압박을 견디기 어렵다.

마을에 도착해서 주차 티켓을 뽑는 데 시간이 오래 걸렸다. 이곳은 마을 높은 곳 절벽에 주차장과 아래를 조망할 수 있는 전망대가 있어서 풍경 감상과 사진을 찍기에 좋은 장소가 있다. 대부 3에서 결혼식 성당과 결혼식 후 댄싱 장면이 있는 조그만 광장에는 분수와 음식점들이 보인다. 결혼식 장면 성당은 트리니타 성당이 아니고 반대편으로 가면 마리아 아눈지아타 성당이다. 댄싱 장면과 결혼식 장면이 있는 성당이 서로 다르게 연출했기 때문에 착각하기 쉬운데 그것이 자연스러운 것이다.

이 성당으로 가려면 분수가 있는 작은 광장 아래쪽 도로로 내려간 뒤 왼쪽으로 돌아서 들어가야 한다. 영화 촬영 당시와는 세월의 탓인지 많이 달라져 있다.

0 - 24
15 min

광장은 음식점과 기념품 가게들이 있고 벽돌색 파스텔 색조로 옛 분위기를 내려 했지만 그렇지 않게 느껴져 아쉬웠다. 다만 골목길들은 여전히 투박한 옛 흔적들이 남아 다소 위안이 되었다.

이곳은 올라올 때 긴장하고 고생한 것에 비해 주차 공간이 넉넉하고, 오후라 그런지 관광객들은 많지 않았다. 아마 단체 관광객들이 한차례 지나간 뒤인 것 같다.

도롯가에 평행 주차를 하게 되어 있는데, 구글 지도상에 Terrazza Panoramica Villa라는 곳이 있어 차를 조금 이동하여 가 보았다.

이곳에는 절벽 아래를 조망할 수 있는 전망대가 있어 지중해와 어우러진 멋진 풍경을 마치 선물처럼 안겨준다.

타오르미나 Taormina

오늘 일정이 빡빡하여 더 머무르지 않고 타오르미나로 향했다. 이번에는 주차장에 차를 두고 케이블카를 이용하기로 하고 출발했다.

이곳 운전은 도로가 지형에 따라 묘하게 좁아졌다 넓어졌다 하여 익숙하지 않은 외지인은 운전하기에 마음이 편하지 않다. 13km인 거리를 약 30분 걸려 도착했다. 급한 경사가 있는 암석투성이의 해안선을 따라 나 있는 도로를 바라보니 그런 상황이 이해된다.

주차장과 붙어 있는 케이블카 승강장에서 서둘러 티켓을 구입한 후 마을 정상으로 올라왔다. 사실 이곳은 차로 올라올 수도 있지만 정상에는 복잡하기도 하고 올라오기 위해 급경사의 헤어핀 도로를 운전해야 하는데, 포르짜 다그로 마을에서 이미 그 쓴맛을 본지라 차를 두고 오기로 한 것이다. 물론 대체 수단인 케이블카가 있으니 이걸 마다할 이유도 전혀 없다. 이때 또 서두르다 실수하고 만다. 차에서 내리자마자 케이블카 매표소가 보이자, 자석에 끌리듯 이것저것 생각 없이 티켓을 사러 간 것이 문제였다.

사실 타오르미나시 입장에서도 상당히 고려한 시설로 추정한다. 산 정상의 구시가로 올라오는 차량의 숫자도 줄이고, 케이블카 운영으로 수입도 챙기고, 관광객에게 편의를 제공하는 1석 3조인 셈이다.

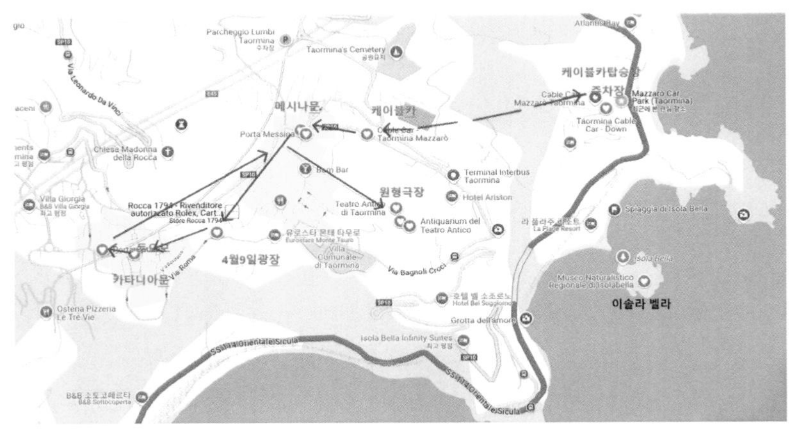

정상에서 깜짝 놀란 것은 산 정상에 어찌 이런 넓은 공간이 있어 고대부터 도시를 형성하고 지냈는지? 또 하나, 피크 시즌이기는 하지만 다소 늦은 오후 시간임에도 많은 관광객 인파가 구름처럼 몰려다니는데 놀라움을 금할 수 없었다.

서둘러 메시나 문을 통과하여 타오르미나 구시가 골목길에 들어가면 자연스럽게 움베르토 거리로 들어선다. 이 길을 굳이 찾을 필요는 없다, 사람들이 몰려가는 길을 따라가기만 하면 된다. 볼거리와 시선을 뺏는 것들이 연속으로 있어, 빠르지 않은 걸음으로 좌우를 구경하면서 걷는 재미가 있다. 카페와 음식점들, 기념품 가게들이 줄지어 늘어서 있고, 옆 사람의 숨결이 느껴질 만큼 많은 인파, 그 와중에 기념사진을 찍으려는 관광객들로 비교적 넓은 골목 안은 활기가 넘쳐난다. 구시가인 만큼 작은 성당들은 약방의 감초처럼 보인다.

큰길로 이어지는 작은 골목 하나하나가 매력이 있는 것은, 어디서 본듯하지만, 자세히 보면, 경사진 곳의 계단과 보도에서 옛사람의 손길이 느껴진다. 관광객들로 들어차 있는 골목은 이미 우리에게 말을 걸고 있는 듯한 착각에 빠진다.

FRANZ
PAGANO
Siké

BAR
Forbes
Siké

기념품 가게와 카페, 음식점이 연이어 있지만 이것마저도 균형 있게 배치한 것처럼, 그림 속에서 걷는 기분과 나도 그림의 일부가 된 느낌이다.

중심 광장인 4월 9일 광장에서는 이오니아해가 눈 아래 펼쳐져 있고, 멀리 에트나 화산이 보이는 타오르미나의 명소 중 하나이다. 이솔라 벨라 섬이 보이는 바다 풍경과 타오르미나 아래 도시 전경은 마치 한 폭의 그림 같다. 광장 이름에 날짜가 붙은 것은 1860년 시칠리아에서 이탈리아 통일 운동의 시작일을 기념하기 위한 것이다. 광장에는 사람들이 제각기 사진을 찍거나, 절벽 쪽 로마 거리에서 타오르미나 아래 동네와 지중해를 배경으로 사진을 찍고 있다.

우측 절벽 쪽의 작은 성당은 연륜이 묻어나는 소박한 자태로 광장을 굽어보고 있다.

광장에서 움베르토 거리를 계속 가면 타오르미나 두오모 성당이 나온다. 성당의 외관은 이 지역에서 흔히 보이는 소박한 로마네스크 양식에 고딕식 장미창이 눈길을 끈다. 이상한 것은 창이 별로 없고, 성당 지붕을 비롯하여 윗부분은 전쟁 시 방어를 위한 뿔 같은 견고한 구조물들이 지붕 선을 따라 돌출되어 있다.

자세히 보면 장미창 아랫부분은 창문을 메꾼 흔적도 있다. 13세기에 지어졌다 하니, 그간의 굴곡진 역사를 말해주는 것 같아 마음이 숙연해진다.

이 지역 주교 좌 성당 치고는 소박한 내부 장식에 머쓱했다. 두오모인 만큼 화려한 내부 장식품에 대한 기대를 하고 입장했는데, 기대와는 딴판인 셈이다. 다른 성당 같으면 제대 앞은 대리석 모자이크로 장식했을 법한데, 기하학무늬의 카펫이 이를 대신했다.

카타니아 문에서 움베르토 거리는 끝이 난다. 타오르미나의 관광은 케이블카에서 내리면서 통과한 메시나 문과 카타니아 문 사이가 번화한 거리가 하이라이트이다. 물론 타오르미나 고대 그리스 원형극장은 별개이다. 건설 시기는 다르지만, 두 문은 원래 방어 목적의 성문이었는데, 각각 메시나와 카타니아 방향을 일컬어 이름을 지었다 한다.

관광객이 타오르미나에 오는 목적 중 가장 큰 것은 원형극장을 가 보기 위해서다. 이곳의 정식 명칭은 테아트로 안티코 디 타오르미나(Teatro Antico di Taormina). 우리말로 '타오르미나에 있는 고대 극장'이다.

그리스식 원형극장의 특징은 지상에 구조물을 쌓아 건설한 현대식 스타디움이나 로마의 콜로세움, 베로나의 아레나와 달리, 경사진 돌산을 깎아 만들어진 것이 확연히 다르다. 그러다 보니 도심지역에서 떨어진 다소 엉뚱한 장소에 건설하게 된다. 그럴 수밖에 없는 것이 빈 땅만 있다고 되는 것이 아니고, 다소 가파른 경사가 있되, 주변 전망과 부대시설들이 들어설 여건이 맞아떨어지는 장소여야 한다. 필자는 처음에 이 부분을 이해하지 못하고, 왜 이런 곳에 거대한 극장을 건설했을까? 라는 의문을 품고 있었다. 당시 기술로 안전하게 많은 인원을 수용할 수 있는 극장을 건설할 필요가 있었는데, 이런 식의 지형을 이용할 생각을 한 것이다.

원형극장으로 가려면 케이블카에서 내려 메시나 문을 지나 움베르토 거리에서 좌측의 테아트로 그레코가(Via Teatro Greco)로 가면 되는데 걸어서 10분 이내에 있다.

카타니아 문을 뒤로하고 다시 두오모 대성당을 지나 원형 경기장을 향해갔다. 이곳에 입장하려면 입장료를 내야 한다.

사실 이곳에 올라올 때 인당 10유로를 지불하고 케이블카를 탔고, 원형극장에 입장하기 위해 인당 12유로를 지불했으니 우리 부부가 지불한 금액만도 44유로이다. 그런데 어림잡아도 1만 명은 훌쩍 넘을 것 같다.

원형극장은 기원전 3세기, 그리스인이 건설한 것으로 추정하는데, 지금으로부터 2,300년 전에 세워져, 중간에 개축도 하였겠지만 수용 인원 6,000명 정도 되며, 이 지역 인원으로 충분했다니 놀랍다. 우리나라 역사에서 삼국시대인 고구려, 백제, 신라가 건국되기 거의 200년 전 무렵이다.

더 놀라운 것은 지금은 파손되어 완전한 모습은 아니지만 때때로 공연해도 아무 문제가 없다고 한다. 필자 방문 당시에도 무슨 공연 준비가 한창이었다. 맨 위 객석과 중간 그리고 아래쪽 객석들은 서로 연결되어 있고 맨 위쪽 회랑은 객석 뒤로, 각각의 위치로 들어가기 위한 출입구가 있어 어느 위치든 이동이 편리하게 되어 있다.

매표소 방향에서 관광객이 입장하면 무대 높이인 객석 하단 바닥 높이에 도착하고, 전면 문을 통해 뒤쪽으로 올라가면 극장 전체가 보이는 포토존이 나온다.

뒤쪽 산책길로 계속 가다 보면 타오르미나를 조망할 수 있는 멋진 장소가 연속으로 나온다.

이곳에서 이솔라 벨라 섬도 조망할 수 있는 명당 중의 하나다.

객석은 전면 앞바다를 향해 있는데 부서진 구조물 사이로 바다 마을이 조망되어 굳이 복구하려 하지 않는 것 아닌가? 사람들은 오히려 그런 모습을 보려고 하는 것 같다. 어느 책임자라도 절대 복구하지 않을 것이다.

투어를 마치고 내려와 차에 와보니 주차 벌금 티켓이 놓여 있다. 우리가 서둘러 케이블카를 타고 올라가는 것에만 신경 쓰다 그만 깜빡한 것이다. 숙소 주인의 도움으로 숙소와 붙어 있는 우체국에 벌금을 내고 다시는 서두르지 않기로 다짐했다.

주차장에서 약 카타니아 방향으로 약 250m 정도 가면 이솔라 벨라 섬을 조망할 수 있는 전망대가 있다. 급히 차를 세워 잠시 감상하고 다시 숙소로 향했다.

2.
에트나 화산 도시 카타니아 Catania

원래 계획대로라면 오늘은 에트나 화산 탐방하는 날인데, 아내는 그동안 도시를 방문하면서 좁고 험한 이곳의 헤어핀 도로에, 심신에 피곤이 몰려오는 모양이다. 그동안 돌로미티의 험준한 지형도 견디어 오고 수많은 고속도로도 잘 견뎌와서 대견하다 싶었는데, 시칠리아 산간 정상 마을에 도달하기 위해서 좁고 구불거리는, 일명 헤어핀 도로에는 그만 지겨운 모양이다. 에트나 화산을 가기 위해서는 비슷한 경로를 거쳐야 하기에 건강을 위해 카타니아로 발길을 돌렸다.

타오르미나에서 숙소의 만족도는 매우 높은 편이다. 대로변 2층이고, 깔끔하고 잘 정돈된 비품들과 빠짐없이 구비된 주방 등을 마음에 들어했다. 아내는 특히 베란다 발코니가 있어서 대로를 조망할 수 있는 것을 신기해했고, 만족했다. 무엇보다도 만족한 것은 숙소 아래층에서 고급 그릇 등 선물 가게를 운영하는 젊은 여성 호스트의 친절함이었다.

카타니아는 타오르미나 숙소에서 차로 한 시간이면 충분한 거리라서, 가면서 즐길만한 장소가 나오면 쉬면서 천천히 가기로 했다. 먼저 가까운 Marina die Cottone에 갔는데, 매우 실망스러웠다. 이곳이 현지인들에게는 어떤 곳인지는 몰라도 쓰레기가 많이 보이고 지저분했다. 좀 더 카타니아 쪽 해변으로 가 마스칼리 마을 Lido 해변의 카페들을 둘러보았는데 분위기가 조용하거나 전망이 좋거나 딱히 마음에 쏙 드는 부분이 없었다. 어제 같은 심한 굴곡이나 오르막이 없는 도로를 따라 차라리 고도가 높은 지대로 올라가 전체를 조망할 수 있는, 조용한 곳에서 커피를 마시고 싶었다. 헤어핀 정도는 아니었지만, 이곳 도로는 기본적으로 좁다. 익숙한 이들에게는 괜찮겠지만 필자 같은 이방인들은 좁은 길에서 맞은편에서 차가 달려오면 무의식적으로 차를 멈추거나 서행하게 된다. 아무래도 바다와 가까운 지역은 잘 관리하지 않으면 습하고, 쓰레기 문제가 있는 것 같아서, 아예 느긋하게 즐길 겸 산 중턱의 전망 좋은 카페에서 커피를 즐기기로 결정했다.

구글 지도를 검색하여 마땅한 장소를 찾았지만, 우리의 기준에 맞는 곳을 찾기는 힘들었다. 그래도 기왕에 차를 마시기로 했으니, 타오르미나와 카타니아 중간쯤의 산 중턱 마을로 갔다.

마을 이름이 산 지오바니 몬테벨로(San Giovanni Montebello)이고, 산 중턱에 있는 카페였는데 전망은 뛰어나지 않았지만, 골목 돌아 성당이 있고, 카페 앞은 큰 소나무들이 있어 그늘을 만들어주고 주차 공간도 넉넉했다. 카페 이름은 Chiosco Bar Montebello이다. 친절한 주인아주머니는 호기심이 많아 이것저것 묻는다. 50~60대로 보이는 아저씨 한 분도 계속 이것저것 질문한다. 아마 이 카페에 우리 같은 이방인이 처음은 아니겠지만, 굉장히 드문 일인 것 같다.

친절했던 카페를 뒤로하고 카타니아(Catania)의 숙소로 향했다. 도착하면 체크인이 가능한 시간이 될 것 같고, 체크인 후 내일 카타니아 구시가 방문 계획을, 오늘 오후 일정으로 변경하기로 했다. 에트나(Etna) 화산 일정을 취소했기 때문이다.

에트나 화산 기슭에 위치한 해안 도시 카타니아는 시칠리아 제2의 도시이다. 기원전 8세기에 그리스인의 식민 도시로 출발하여 번성했지만, 시칠리아의 다른 도시처럼 로마, 비잔틴, 노르만의 지배를 받았다. 도시에 들어서면 고대 도시라는 느낌은 전혀 없고 현대적인 정취가 풍기고 도로도 널찍하고 곧게 뻗어 있다. 1693년 대지진 때 전체 도시가 파괴되었다가 바로크 양식으로 18세기에 재건된 도시이기 때문이다. 그런 여파인지 지금도 활동 중인 에트나 화산은 카타니아 사람들의 삶 속에 녹아 있다.

카타니아 도시에서 이곳 주민의 삶을 지배하는 대표적인 두 개의 키워드는 에트나 화산과 성녀 아가타(Santa Agata)이다. 성녀 아가타는 카타니아시의 수호성인인 것은 지극히 당연하고 매년 성녀를 기리는 축제가 열린다.

그런 연유로 이곳에서 관광객들이 둘러볼 만한 장소는 두오모 성당인 카테드랄레, 로마 극장, 로마 원형극장, 우르시노(Ursino) 성 등 도시 규모에 비해 제한적이다. 그러므로 이곳에서 시간을 많이 보낼 일은 아니다.

숙소에 도착해서 체크인은 원활하게 진행되었으나 주차 장소가 모호해 빈 곳에 주차하고 호스트에게 사진을 보내 괜찮은지 물어보았다. 보통은 괜찮은데 늘 그런 것은 아니라는 애매한 답변에 그냥 그대로 두기로 했다.

주차 후 잠시 호흡을 가다듬은 후 시내로 걸어서 출발했다. 시내 중심가까지는 2킬로 정도이니 큰 힘을 들이지 않고 갈 수 있는 거리다. 가는 도중 예상치 못한 조그만 일이 있었다.

숙소에서 직선으로 죽 뻗은 골목을 여러 개 지나니 큰 성당이 있고 그 앞에 넓은 공터가 나왔다. 성당 앞 넓은 공터에 먼지와 악취 그리고 오물로 보이는 젖은 바닥 등이 있고, 비린내인지 썩은 냄새인지 악취로 숨쉬기 곤란할 정도였다. 카타니아는 지저분하다는 첫인상을 강하게 받았다. 약 5분 정도 빠른 걸음으로 걸어야 벗어날 수 있는 드넓은 시내 중심가여서 더욱 의아하고 놀라웠다. 이 장소는 산 가에타노 성당(Chiesa di San Gaetano alle Grotte) 앞 광장인데, 성당 앞 광장을 이렇게 지저분하게 관리한다는 것이 더욱 이해되질 않았다. 그래도 명색이 가톨릭 국가 이탈리아에서!

더러운 곳을 벗어나니 바로 스테시코로(Stesicoro) 광장이 나왔다.

광장 끝에는 로마 로마극장의 잔해가 있는 유적지가 있었고, 약간 언덕 위에는 성당이 자리하고 있다. 원형극장 유적지는 외부에서 일부는 보이지만 안으로 들어가야 전체를 볼 수 있고, 입장료를 지불해야 한다.

어제 타오르미나에서 원형극장을 보고 온 터라 입장은 안 하기로 했다. 카타니아에는 또 다른 그리스와 로마 극장이 있다. 이곳은 밖에서는 건물에 가려 볼 수 없고 역시 입장료 7유로를 지불해야 한다. 원형극장 끝에 있는 성당에는 아내 혼자 잠시 들어가고 필자는 다음 목적지인 산타 아가타 카타니아 대성당과 수산시장 등의 방향을 알아 두었다.

아내 혼자 들어간 성당은 산 비아지오(San Biagio inSant'Agata alla Fornace)으로 아가타 성녀가 순교 전 고문을 받았고, 화형을 받을 뻔한 장소에 18세기에 지어졌다고 한다. 전면 삼각형 지붕 꼭대기에는 성녀가 십자가를 붙잡고 있다.

카타니아의 번화가이자 쇼핑가인 에트네아(Etnea) 가로 가는 도중 대학 광장(Piazza Universita) 직전에 눈길을 끄는 성당 하나가 있다.

바로크 건축의 화려함을 극대화하기 위해 파사드는 평면이 아닌 앞 광장을 끌어안을 듯한 모습의 곡선이고, 단순한 곡선이 아니고 적당한 돌출을 배치하여 시선을 위쪽으로 유도한다. 파사드가 평면이 아닌 성당은 이곳이 처음이다. 성당 이름은 콜레지아타(Basilica della Collegiata)인데, 매년 성녀 축제 시 이곳 시민들이 기도와 예배드리는 곳이라 한다.

대학 광장에 들어서면, 주위가 회색의 건물들로 둘러싸인 가운데 붉은색과 푸른색의 코끼리 조형물이 눈길을 끈다. 주변과 잘 어울리는 것은 아닌 것 같고, 내 취향과는 거리가 있다.

대학 광장을 지나 에트네아 가 끝에 가면 이곳의 두오모인 산타가타 대성당(Basilica Catedralle di Sant'Agata) 광장이 관광객들을 맞이한다. 이 성당은 성녀 아가타에 헌정되었으며, 실질적으로 카타니아인들의 종교적 문화의 중심지 역할을 하고 있다.

카타니아 출신인 성녀 아가타는 3세기에 이곳 총독의 구혼을 거절하자 총독은 독실한 기독교 신자인 그녀에게 개종을 요구했다. 개종을 거부했고, 그 이유로 순교하여, 이곳 카타니아의 수호성인이 되었으며, 순교할 때 젖가슴을 도려냈다고 한다. 어쩐지 좀 더 잔인하고 뒤 끝 있는 춘향전 같은 느낌이다.

DEO
TRIUMPHAN
AGATHAE
INNOCENTIVS

대성당 광장에는 분수가 있고, 분수 중앙에는 오벨리스크를 등에 지고 있는 코끼리 조형물이 보인다. 오벨리스크는 이집트에서 가져온 것을 조형물 설계자인 지오반니 바티스타 바카리니(Giovanni Battista Vaccarini)가 18세기에 재사용한 것으로 추정한다. 오벨리스크는 상부 끝은 뭉뚝하고, 십자가가 달려 있다. 이 코끼리상은 카타니아의 공식 문장으로 쓰이고, 카타니아인들은 리오트루(Liotru)라는 애칭으로 부른다고 한다.

12세기에 노르만 지배 시절 지어진 이 성당은 1693년 대지진으로 손상을 입어 18세기에 지오반니 바티스타 바카리니(Giovanni Battista Baccarini)의 설계로 바로크 양식으로 재탄생하였다. 전면 파사드는 3단으로 각 단은 장식성이 뚜렷한 코린트식 기둥이 받치고 있다. 중앙에는 성녀 아가타가 한민족이 일본과 늘 논쟁거리가 되는 욱일승천 형태의 아우라가 장식되어 있다. 정문 입구에는 고뇌하는 표정의 바오로와 베드로가 지키고 있다. 지붕 위에는 역시 성녀가 십자가를 받치고 있는데, 십자가가 크리스마스실에서 보던 것처럼 가로 막대가 하나 더 있다.

성당 내부는 기도소의 장식적인 요소를 제외하고, 베이지색의 차분한 분위기이고, 제단 쪽 강대상의 모양이 특이하다. 화려한 복장으로 예수님을 안고 있으며 사람의 머리를 밟고 있는 성모상이 인상적이다.

비가 온 뒤 끝이라 수산시장은 어느 곳이나 그렇듯 비린내와 악취 그리고 바닥이 질펀한 일반적인 모습이다. 골목마다 식당들이 있어 현지인들로 얼기설기 차 있지만 식욕은 나지 않아 골목 구경만 하고 지나쳤다.

카타니아에는 로마 극장 외에도 지척의 거리에 그리스-로마 극장이 또 하나 있다. 이해하기 어렵지만 이렇게 걸어서 15분 이내 거리에 거대한 고대 원형극장이 인접해 있다는 것이 놀랍기만 하다. 자료에 의하면 두 극장은 서로 기능이 달랐다고 한다. 그리스-로마 극장에서는 예술 문화 행사 중심이고, 로마 극장은 오락, 즉 검투사, 동물 싸움 등 요즘으로 하면 운동 경기장 같은 것이다. 서울의 잠실에도 여러 경기장이 있는 것처럼. 그래도 이해가 안 되는 것은 나의 고집 때문인가? 그 옛날 기원 전이라 하는데 건설하기가 쉽지 않으니 하나 가지고 다용도로 쓰면 될 것을. 하지만 그들의 생각은 달랐다는 것이 이런 문화 시설들을 보면 알 수 있다. 확인차 그리스-로마 극장과 프라타모네궁 등을 방문하러 갔으나, 앞쪽은 건물에 가려져 있다. 골목에는 성당들이 더 있었고 카타니아가 에트나 화산을 어떻게 생각하는지의 재미있는 벽화가 있어서 미소가 지어졌다.

몇 시간을 쉬지 않고 골목 골목을 누볐더니 피곤하여 숙소로 돌아왔다. 숙소 바로 앞 공터에 주차한 차는 아무 일 없는 것을 확인했다.

Flor de Caña

3.
신화가 살아있는 시라쿠사 Siracusa

에트나 화산 투어를 생략하니 전체 일정에 조금의 여유가 생겼다. 그렇다 하더라도 오전에 시라쿠사 신도시 북서쪽에 인접한 고고학 공원을 다 둘러보려면 서둘러야 할 것 같다. 9월 하순이지만 아직도 한낮에는 활동이 불편할 정도로 더위가 기승을 부린다. 아침 식사를 마치자마자 시칠리아 제2의 도시 시라쿠사에 있는 고대 그리스-로마 유적지가 있는 고고학 공원을 향해 출발했다.

시라쿠사는 기원전 8세기경 그리스의 도리아인들이 세운 식민도시로 출발하여 여러 민족과 세력의 침략과 지배를 받으며 꿋꿋하게 버텨온 도시이다. 위대한 과학자인 아르키메데스가 이곳에서 태어났고, 2차 포에니 전쟁 때 로마군과 전쟁 중 사망했다.

시라쿠사의 특징은 구도시인 오르티지아 섬과 신도시가 확연하게 구분되어 있고, 관광 포인트는 오르티지아에 몰려 있지만 신도시의 북서쪽에 있는 고고학 공원과 눈물의 성모 마리아 성당은 절대 지나치면 안 되는 시라쿠사 핵심 관광 지점 중의 하나이다.

카타니아 숙소에서 한 시간 남짓의 거리인데, 공원에 가까워

지자, 차들이 많아지고 신호 대기가 길어진다. 나중에 안 일이지만 단체 관광객들의 대형 버스가 몰려드는 시간과 겹쳐서 벌어진 일이다.

늘 그렇듯 충분한 정보 없이 접근하여 불필요한 시간 낭비가 있었다. 일단 공원의 주차장에서 주차하고, 표를 구입하고 입장하는 것으로 생각하고 주차장 찾으며 시간을 보내고, 엄연히 매표소가 있었음에도 엉뚱한 곳에서 우왕좌왕했다.

고고학 공원에 입장하려면 우선 북쪽에 있는 매표소를 먼저 찾아야 하고, 그다음 차를 가지고 오는 사람들은 각자 알아서 주차하고 표를 사서 입장해야 한다. 이때 무료 주차 구간이 있으면 다행이지만, 없을 때는 유료 구간인 파란 선 안에 주차하고 주차 기계에서 충분한 시간을 고려해서 티켓을 뽑아 차 안쪽 운전석 보드 위에 놓아야 한다. 절대 불법 주차는 금물이다. 설마 하면 대가를 치를 수 있다.

거의 도착 무렵 차량 행렬이 길게 늘어서 있어서 의아해했는데 대부분이 유적지를 찾는 관광객들의 차들이다. 필자가 여행에 경험이 있기는 하지만 이곳에선 늘 미숙하게 행동했다. 차량이 공원 안으로 들어가고, 표를 구입해서 입장하는 것으로 생각했는데 그것이 아니고 차량과 관계없이 매표소에서 표를 구입해 걸어서 공원 내로 입장해야 한다. 즉 차량으로 오려면 적당한 곳에 주차한 다음 걸어서 매표소로 가서 표를 구입한 다음 걸어서 입장해야 한다. 공원의 주차장이 없다는 것이다. 그러므로 매표소 인근에 주차해야 하는데 유료와 무료가 모두 있지만 유료 주차할 것을 권한다. 유료 주차장

은 매표소를 바라보고 오른쪽에 있지만 우회전이 안 되니 내비게이션상에 찍고 가면 된다. 필자는 이런 과정에서 우왕좌왕하는 바람에 쓸데없는 시간 낭비를 했다.

공원 안으로 입장하게 되면 먼저 눈에 띄는 것이 청동으로 된 조형물들인데, 처음에는 이곳에서 출토된 것인 줄 알았지만 현대 작가의 작품이었다. 폴란드 출신의 이고르 미토라이(Igor Mitoraj)의 작품이다. 그의 작품은 구도심이 있는 오르티지아 섬의 마니아체 성 앞에도 있으며, 밀라노의 산타마리아 델 카르미네 성당 앞에도 있다.

한낮이라서 땡볕에 다니려니 모자, 물, 선크림은 필수품이며, 이것은 호흡하듯 무의식으로 하는 행위라 생각하면 된다.

석회석 지형의 채석장에서 디오니시오스의 귀로 가는 통로에 큰 기둥과 동굴 등이 여러 개 보인다. 이곳에서 건축용 채석을 했다고 하는데 동굴들은 나로서는 이해가 되지 않는다. 기둥은 그 옛날 기둥보다 더 높이 있던 돌 표면을 채석해 나가, 남긴 것이라 하는데, 동굴은 채석의 목적으로 측면에서 구멍을 뚫듯이 공사를 했다면 난센스다. 표면에서 수직으로 원하는 두께를 잘라내어 용도별로 사용하는 것이 수월하지 않을까?

디오니시오스 귀는 높이가 23m, 깊이 65m로 예상보다 규모가 컸다. 모양도 사람의 귀처럼 아래위로 약간 긴 삐죽이 소라의 입구처럼 생겼다. 이곳에서는 작은 소리도 증폭되어 크게 들린다고 한다. 실제로 말소리를 내어보니 울림은 있으나 또렷하게 들리지는 않는다. 그리고 사람의 귀 내부와 유사하게 깊숙하게 약간 굽어 있고 맨 안쪽에는 청동상이 있다.

디오니시오스는 고대 시라쿠사의 폭군이자 독재자였으며, 반대자들을 탄압하고 가두고 감시하였는데, 이곳에 마음에 들지 않는 사람들을 가두어 속삭이는 비밀스러운 이야기를 몰래 들었다고 한다.

요즘으로 하면 감청 같은 것이다. 철학자 플라톤이 방문하여 철인 정치할 것을 권하였지만 디오니시오스는 오히려 플라톤을 잡아 노예로 팔아버렸다고 한다. 요즘도 자기 방식에 반대하면 속이 불편한 것은 만고에 변함없는 진리다.

안쪽 끝에 있는 청동상은 관람객들이 시칠리아의 밝은 태양 아래에 익숙해진 눈으로 들어오면 잘 안 보일 수 있으니, 끝에까지 가야 확인이 된다. 하지만 현대 작가의 작품이니 크게 신경을 쓰지 않아도 된다. 사진을 찍으면 보이지만 혹시 선글라스를 끼고 있다면 보이지 않는다.

그리스 극장은 돌산을 파내어 원형경기장 모양으로 건설한 것인데 그 시절에 엄청난 공사였을 것이다. 지중해를 바라보며 경사진 돌산을 택하여 조성한 극장은 지상에 큰 구조물을 세우는 위험을 감수하는 것보다는 주거 지역에서 조금 멀더라도 안전과 공사의 편의성을 고려한 것으로 보인다. 이 극장은 지금도 공연 시 사용하고 있다고 하니 놀라울 따름이다. 필자 방문 시에도 공연 준비로 분주했다.

객석의 뒤쪽에 평평한 공간에는 사각형으로 일정하게 돌을 캐낸 흔적과 다양한 형태의 동굴들이 있는데 그 용도가 분분하다.

돌을 떼어낸 것은 건축자재 혹은 극장 건설 자재 용도로 쓰였다 하고, 동굴은 용도가 모호하다. 그 시절 여러 용도의 목적으로 필요한 돌들을 잘라 운반했을 것이다. 이곳의 돌들은 석회암으로 보이는 다공성 돌들인데, 회색의 베이지색 혹은 우유색에 가깝다. 돌이라 하지만 강도가 물러 다루기는 쉬웠을 것이다. 그만큼 훼손되기도 쉬워, 지금도 관람객이 갈 수 있는 공간을 제한적으로 통제하는데, 잘한 조치로 보인다. 머지않아 채석장 근방과 디오니시오스 귀도 통제하지 않을까 예상해 본다. 예전의 돌로 된 객석 흔적은 뒤쪽과 맨 아래쪽에 조금 남아 있고 지금의 객석은 현대식으로 바꾸었다.

신시가 방향으로 있는 또 다른 극장인 로마 원형 경기장은 규모가 작고, 그리스 경기장과는 다른 검투 경기나, 모의 해전인 나우마키아를 하기 위한 용도로 쓰였다고 한다. 이를 뒷받침하는 수로로 보이는 시설과 경기장 바닥에 배수로가 보인다.

유적지 투어를 끝내고 인근의 신시가에 있는 눈물의 성모 마리아 성당을 찾아갔다. 이성당은 비교적 최근인 1953년에 일반 평신도가 모시고 있던 성모 마리아상에서 눈물을 흘리는 것을 기념하여 건설한 것인데, 프랑스의 건축가 미셸 안드로(Michel Andrault)의 설계로 지어진 성당이다. 이 성당은 종교적 관점보다는 고깔 모양이라고 표현할 수 있는 특이한 외관이 관심을 끈다. 시대의 흐름에 순응한다고 할까? 아니면 변화를 선도한다고 해야 할까? 지금까지 보아온 전통적인 로마네스크, 바로크, 고딕의 모습과 다른 성당 모습에 관심이 간다. 가만히 보면 오렌지나 석류의 즙을 손으로 내기 위한 뾰족한 기구 모양처럼 보이기도 한다.

SANTUARIO
CRIPTA
CENTRO CONVEGNI
W.C.

성당에 도착했지만 아쉽게도 내부는 굳게 닫혀 있어서 알아보니 오후 3:30 이후에나 문을 연다고 해서 포기하고 숙소로 차를 몰았다.

숙소는 신시가 중심지에 있고 성당과는 멀지 않은 위치지만 시라쿠사의 주요 관광 포인트들이 몰려 있는 오르티지아 섬의 구시가지에 있는 마니아체 성과는 4킬로가 넘고, 걸어서 40~50분 거리에 있다.

숙소 체크인을 하고 구시가 중심가를 걸어서 왕복하기에는 먼 거리라서 이곳에서 처음 타보는 우버를 시도해 보기로 했다. 차가 도착하기에는 시간이 20여 분 걸렸지만, 젊은 친구가 밴처럼 큰 차를 가지고 나타나 놀랐다. 처음 타보는 우버지만 편안했고 요금도 택시비의 절반 정도 수준이라 귀국 시 로마에서 공항 갈 때 이용할 수도 있을지 생각해 보았다(나중에 안 일이지만 로마에서는 일반 택시 대비 가격 측면의 장점은 없다).

마니아체 성에 도착하자 이상한 광경이 눈길을 끈다. 성 입구 데크길을 따라 두세 개의 뾰족한 부분이 잘린 피라미드처럼 생긴 목재 구조물에 서로 반대 방향으로 기댄 채 잠을 자는 모습인데 실제로 손을 배에 올려놓고 편안히 자는 것 같다. 기대어 다리 뻗는 면은 부드러운 재질로 깐 것을 보면 용도는 맞는 것 같다. 이런 시설들이 길 따라서 여러 개 설치되어 있고, 빈자리가 없어 시도해 보려면 차례를 기다려야 한다.

성으로 들어가는 입구는 왼쪽으로 가야 한다. 입구 부근에는 오전에 고고학 공원에서 보았던 미토라지의 청동상 작품을 볼 수 있다.

Rai

미토라지 청동상 부근에는 카메라와 음향기기 설치하는 사람들이 분주하게 움직이고, 행사가 있는지 성 내부는 들어갈 수 없어 서운했다. 13세기 중반에 해상 방어 요새 목적으로 지어진 성은, 11세기에 비잔틴 제국의 마니아케스 장군이 이슬람 세력으로부터 이 지역을 되찾은 업적을 기리기 위해 그의 이름을 따, 성의 이름을 지었다.

마니아체 성에서 서쪽 시계방향으로 돌아 아레투사 샘(Fontana Arethusa)으로 걸었다. 난간이 있는 해변 길에는 정갈한 모습의 식당들이 아담하게 자리 잡고 있다. 식당에는 늦은 오후 햇살에 평화로워 보이는 사람들이 화이트 와인을 앞에 놓고 느긋하게 즐기는 모습들이 보인다.

다리도 쉴 겸 시라쿠사의 음식도 맛볼 겸 식당에 앉아 오후 햇살에 반짝이는 지중해를 바라보았다.

아레투사 샘은 시라쿠사에 있는 그리스 신화의 현장이다. 신화에서 아레투사는 알테미스를 섬기는 님프로서 순결을 중요시했는데, 어느 날 강의 신 알페이오스가 첫눈에 반해 집요하게 쫓아다녔지만 거부하고 도망 다녔다고 한다. 시칠리아까지 도망 와 막다른 길에 다다르자 알테미스에게 도움을 요청했고, 알테미스는 아레투사를 샘으로 변신시켜 주었다고 한다. 이 샘은 바다와 불과 몇 미터 거리에 있지만 파피루스가 무성하게 자라고, 금붕어가 헤엄치는 것으로 보아 담수 샘물인 것이 너무나 신기하다. 과연 신화의 살아있는 현장으로 손색이 없다.

늦은 오후 시간이라 카라바조의 산타 루치아의 순교 그림을 소장하고 있는 산타 루치아 알라 바디아(Santa Lucia alla Badia) 성당은 문을 닫아, 아쉬움에 발걸음을 대성당 광장으로 돌렸다. 대성당 광장에는 늦은 시간임에도 많은 사람들이 몰려 있었고, 한켠에는 G7 광고판이 전시되어 있다.

대성당의 정식 명칭은 Cattedrale Metropolitina della Nativia di Maria Santissima 다소 긴 명칭인데 '성모 마리아의 탄생을 기리는 대교구의 주교좌 성당'이란 뜻이다.

이 성당은 아테나 신전 위에 지어진 것으로 역시 1693년 대지진 때 손상된 것을 바로크 양식으로 복구되었다. 전면 파사드는 2단 구조로 각 단은 도리아식 기둥이 받치고 있고, 중앙 꼭대기에는 카타니아 대성당처럼 가로 막대가 하나 더 있는 십자가가 세워져 있다. 2단 중앙에는 역시 시라쿠사의 수호성인인 성녀 루치아의 상이 있다.

내부는 바로크 스타일의 조각과 장식들이 있으며, 특히 아테나 신전의 흔적인 도리아식 기둥이 남아 있다. 산타 루치아의 성 유물을 보관하고 있고 화려한 스테인드글라스 중 최후의 만찬을 세 창문에 나누어 한 곳에 4명의 제자를 배치하고 중앙에 예수님이 계시는데, 발을 볼 수 있다.

내부는 삼랑식 구조로, 중앙 회랑은 양쪽 기둥 사이가 좁고, 천정은 목재의 트러스 구조인데, 대지진 후 또 다른 지진이 올 것에 대비한 것으로 보인다.

대성당을 뒤로하고 아르키메데스(Archimedes) 광장의 중앙에 있는 물을 뿜고 있는 디아나(Diana) 분수로 향했다. 이 분수는 20세기 초에 제작한 것으로 중앙에 다이아나(그리스 신화에선 알테미스)가 있고 물속에는 샘으로 변하는 아레투사가 있으며, 강의 신 알페이오스가 필사적으로 쫓아오는 모습이 있는 매우 동적인 장면을 묘사하였다. 아레투사 샘의 신화적 요소를 표현하고 있으며, 시라쿠사의 정체성을 상징하는 분수이니 관심을 가지고 구경하자.

올 때는 우버를 타고 왔지만 갈 때는 걸어서 숙소에 가기로 하고, 산타루치아 다리 인근에 있는 아폴로 신전을 향해 갔다. 식당, 카페, 선물 가게들이 즐비해 여유 있게 두리번거리면서 이것저것 시간 가는 줄 모르고 천천히 걷는데, 어디선가 악대 연주 소리와 사람들의 함성이 들려, 소리 나는 쪽으로 가보았다.

ICILIA

그곳에는 중세 문장으로 수놓은 복장을 하고, 많은 깃발과 함께 악기를 연주하는 사람들의 긴 퍼레이드 행렬이 있었다. 오던 길을 거꾸로 가는 것이지만 퍼레이드를 따라갔다. 퍼레이드는 대성당 광장에서 멈추고, 사열하듯 연주하면서 시민들 앞에서 퍼포먼스를 시작했다.

이 행사는 시라쿠사에서 매년 9월 25일 저녁에 열리는 퍼레이드로 '산타 루치아(Santa Lucia)' 축제이다. 산타 루치아의 성 유물(성자의 유해나 성물)이 시라쿠사 대성당(Cattedrale di Siracusa)으로 돌아온 날을 기념하는 행사로 성 유물을 모시고 시라쿠사 대성당과 시청 앞을 지나며, 신자들과 시민들이 함께 참여하는 전통적인 축제이다. 축제를 알고 온 것도 아닌데 우리에게 우연히 마주치는 행운이 있었다.

퍼레이드를 구경하느냐 늦어지고 많이 걷고, 어두워졌지만 다시 숙소로 향해 걸어갔다. 가던 길에 아폴로 신전 유적지를 둘러보고, 고장 난 안경을 수리하기 위해 잡화점에 들러 순간접착제를 구입했다.

4.
바로크의 진수 마르자메미 Marzamemi / 노토 Noto / 모디카 Modica

마르자메미 Marzamemi

노토로 가기 전에 이곳의 해변 휴양지인 마르자메미(Marzamemi)를 들리기로 했다. 시라쿠사에서 노토(Noto)의 숙소까지 채 한 시간이 안 걸리는 거리에 있으므로 서두를 이유가 없다. 이렇게 일정에 여유가 생기면 느긋하게 출발하고 차의 속도도 낮추어 운전한다. 반드시 그런 것은 아니지만, 1차선만 있는 곳에서는 여유가 있더라도 나만의 의지대로 천천히 가기는 어렵다. 뒤차가 바짝 붙여 빨리 가기를 재촉하기에 심리적 압박을 받는다. 여기 사람들은 뒤차가 알아서 가도록 신경 안 쓰지만 현지인이 아니니 보통 우측에 여유 공간이 있으면 비켜 주는 편이다. 그래야 맘 편히 운전하며 주변 구경도 할 수 있다. 그런데 한 달이 넘은 시점에서 차츰 나도 이들을 닮아간다. 뒤차가 알아서 가도록 하고 신경 안 쓴다.

마르자메미에 도착하여 동네 초입에 있는 백사장을 들러 보았는데 비교적 깨끗해서 기분은 좋았다. 며칠 전 깨끗한 해변의 카페에서 기분 좋은 오전 시간을 보내려고 해안가 동네를 갔었는데 별로였던 기억이 있어 비교가 된다. 그런데 차로 중심가 쪽을 가려는데 ZTL 구역이 나와서 잠시 놀랐다. ZTL 표시 앱에는 분명히 없었는데 이유를 모르겠다. ZTL 구역도 업데이트되거나 변경되는 것 같다.

구역 진입을 피하여 주차하고, 걸어서 카페를 찾아 구불구불한 골목길을 가다가 장식과 꾸밈이 없는 소박한 작은 성당을 마주했다. 우리는 늘 장식이 화려한 바로크, 고딕에 익숙하다 보니 작은 동네에서 만난 소박한 성당은 다른 의미의 잔잔한 마음의 물결을 만들어 주었다. 들어가 보고 싶었으나 문이 닫혀 있어 발길을 돌렸다.

골목길을 천천히 걸어가다 보니, 구글에서 보았던 카페와 식당 등이 보이기 시작했다. 눈앞에 찰랑이는 파란 이오니아해 바다 물색이 이곳과 잘 어울렸다.

그런데 이곳은 예쁘고 아담한 카페와 식당들이 소문이 났는지, 현지인 외에도 관광객으로 보이는 사람들도 꽤 있었고, 중국 젊은 남녀가 SUV 차로 여러 명 몰려다닌다.

노토 Noto

이곳을 뒤로하고 노토의 숙소로 출발하면서 주소를 다시 한번 확인해 보니 실제 숙소 위치와 앱상의 위치가 많이 달라 호스트에게 전화해서 확인해야 했다.

노토는 행정구역상 발 디 노토 지역의 도시로서 1693년 대지진 때 도시 전체가 파괴되었다고 한다. 노토뿐만 아니라 인근의 라구사, 시클리, 모디카, 카타니아 등도 처참하게 파괴되었는데 폐허 위에 도시를 재건하면서 이전의 모습을 지키면서도 바로크 양식으로 도시를 꾸몄다고 한다. 라구사, 모디카와 함께 노토는 바로크 양식의 도시로 알려져 있고 도시 전체가 유네스코 문화유산으로 등재되어 있다.

숙소 위치는 노토 최고 번화가인 Emanuele 거리에 있고 관광 포인트인 대성당과 레알레(Reale) 문과도 멀지 않은 거리에 있다. 주차는 숙소 앞 무료 거리 주차인데 자리가 나지 않아 시간이 조금 소요됐을 뿐 큰 문제는 없었다.

체크인 후 노토 거리를 도보로 탐방하기 시작했는데, 관광지들이 몰려 있는 직선으로 된 Emanuele 거리는 1km가 채 안 되는 거리다. 시의 규모가 작으니 대성당을 제외한다면 노토를 탐방하는 시간은 그리 많이 걸리지 않는다.

노토에서는 매년 5월 중순에 꽃 축제인 인피오라타(Infiorata)를 개최한다. 길 위에 화려한 문양의 그리고 그 위에 꽃으로 장식하는데, 화려하고 아름다워 축제 기간에는 아예 발 디딜 틈이 없다고 한

다. 대성당으로 가는 길에 축제의 현장인 Via Nicolaci 거리에 들러, 꽃장식 밑그림이 그려져 있는 바닥을 보았다, 이들은 매년 같은 밑그림을 쓰는 것일까? 하는 의구심이 들었다.

이곳을 지나면 바로 노토 대성당(Catedrale di San Nicolo)이 나온다. 대성당은 성 니콜로에게 헌정되었는데 성당 앞 광장에 서자, 3단으로 된 50여 개의 계단 위에 성당이 우뚝 서 있다.

도착한 시각이 마침 오후 4시라 바로크 양식의 전면 파사드는 황금빛으로 물들고, 따가운 햇살에 위안을 주는 듯하다. 입장료를 내고 성당에 들어가 일단 여행에 지친 심신을 추스르기 위해 앉아서 묵상했다.

문득 성당의 천장을 올려다보게 된다. 천장의 프레스코화들은 밝은 빛이 도는 것으로 보아 그려진 시기가 오래된 것 같지 않았다. 알고 보니 1996년 지붕 붕괴 사고가 있었고, 재건된 것이라 한다. 성전 전면의 예수님은 오른손 세 개의 손가락을 펴서 들고 있다.

성당에서 5분 정도 걸어 내려가면 레알레 문이 나오는데, 이 문은 노토의 입구를 상징하는 것으로, 1838년 페르디난도 당시 국왕의 방문을 환영하고, 이를 기념하기 위해 세워졌다고 한다. 이런 연유로 문의 이름이 레알레 문(Porta Reale: 왕의 문)이다.

문 위에는 세 개의 상징물이 배치되어 있는데 펠리컨, 탑, 개이다. 각각 펠리컨은 자기희생, 탑은 도시의 강인함, 개는 충성심을 상징한다고 한다. 이들은 무엇이든 의미를 추가하는 재능이 있는 것 같다.

대성당 맞은편에는 시청 건물이 있고 바로 옆에는 산타 키아라(Santa Chiara) 성당이 있다. 이 성당 역시 바로크 양식 성당으로 바로크의 거장 로자리오 갈로가 설계했다고 한다. 내부는 외관과 달리 흰색 바탕에 섬세한 프레스코화와 금박 장식으로 장식되어 있다. 전면의 아름다운 제단도 눈에 띈다. 하루를 보내는 저녁, 조용히 앉아서 다리도 쉴 겸 묵상하고 성당 문을 나서는데, 성당 앞에 있던 주민 한 사람이 키아라 성당 옥상이 경치가 좋으니 올라가 보라고 한다. 그렇지만 아쉽게도 늦은 시간이라 올라갈 수가 없어 아침을 기약하고 숙소로 돌아왔다.

다음날 이곳 옥상을 열자마자 올라와 보니 노토 대성당의 모습도 이곳의 전망이 최고였다. 그리고 어제 석양 무렵의 대성당 모습도 좋았지만, 아침에 다시 보는 전경은 또 다른 모습으로 즐거움을 선사한다. 어제는 오후에 본 하늘과 같은 하늘이지만, 아침의 상쾌한 바람과 함께 보는 하늘의 색은 한국에서는 좀처럼 보기 힘든 코발트블루이다.

생각해 보면 주민의 친절이 아니었으면 그냥 지나칠 뻔한 멋진 곳을 무시하지 않고 일부러 올라가 주변의 아름다운 경치를 볼 수 있어서 다행이었다.

모디카 Modica

오늘은 저녁 7시에 몰타의 발레타로 가기 위해, 이번 여행에서 두 번째로 차를 가지고 배를 타는 날이다. 약 1시간 40분이 소요되니 발레타에는 밤 8:40에 도착 예정이다.

몰타 가는 방법은 3가지가 있다. 우선 이탈리아 도시에서 항공기로 가는 방법, 카타니아에서 항공으로 가는 방법, 그리고 포짤로에서 페리를 타는 방법이다. 필자의 경우는 승용차를 가지고 가기 때문에 선택의 여지가 없었지만, 여러 가지 여행 방법에 따라 선택하면 된다. 페리를 타는 승객 중 배낭과 캐리어만 들고 있는 사람들도 많다.

낮에 여유가 있어 노토의 산타 키아라 성당 옥상을 올라간 후 라구사와 모디카 중 한 곳을 선택해서 다녀가기로 하고, 포짤로항과 가까운 모디카를 선택했다.

모디카 역시 발 디 노토 지역에 있는 노토와 비슷한 운명을 겪은, 이 지역의 바로크 건축 삼각 편대 중 하나다.

느긋하게 노토의 키아라 성당 옥상에서 주변 풍경을 감상한 후, 출발한 지 한 시간 만에 모디카에 도착하였다. 움베르토 1세(Corso Umberto I) 거리의 도로변 공용 주차장에 주차했는데 주차비가 시간당 0.5유로로 의외로 저렴했다. 그것도 모르고 2유로를 투입했더니 4시간의 주차가 찍혀 나왔다. 다른 장소에서는 보통 1시간 혹은 2시간이 고작이다.

제일 먼저 주차장과 가깝고 낮은 지대에 있는, 12사도 상이 유명한 성 베드로 성당을 방문했다. 입구에서 2.5유로의 입장료를 받는데 다른 세 곳의 성당의 입장료까지 하면 7유로를 받는, 끼워 파는 식의 티켓이 있었다. 하지만 필자가 가고자 하는 성당인 산 조르조 성당은 포함되어 있지 않아 단순 입장만 했는데, 보통 이렇게 여러 개를 싸게 입장할 수 있게 하는 것은 일반 여행객에는 보통 불필요하다. 심하게 표현하면 관광객이 잘 안 가는 곳을 싸게 주는 척하는, 대표적인 끼워 팔기다. 내막을 알면 피할 일이다. 베네치아에서 호되게 경험한 바 있다.

성 베드로 대성당의 외관 파사드는 바로크 양식으로 1693년 대지진 때 파괴된 것을 전면 재건한 것이다. 열두 제자들이 계단 좌우에 배치되어 있고 웅장한 외관은 주변을 압도한다. 내부는 화려하기보다는 성 베드로의 삶을 묘사하는 프레스코화들이 있고 특이한 것은 천국의 열쇠를 주고 있는 베드로 상이 있다.

성전으로 가는 중앙 회랑의 바닥은 아름다운 대리석 모자이크인데 단순하면서도 마음을 편안하게 하며, 반 원통형의 천장에는 규칙적인 문양이 그려져 있는데 매우 아름답다. 천장과 바닥의 문양이 조화로워 보인다.

성 베드로 대성당을 뒤로하고 움베르토 1세 거리의 마을 안쪽으로 올라가다 오른쪽 언덕길과 계단을 거쳐 숨 가쁘게 가면 모디카 제일의 바로크 상징인 산 조르조 성당(Duomo di san Giorgio)이 가파른 계단 위에서 기다린다.

전면 파사드는 3단으로 되어 있고, 반원형의 중앙부가 돌출한 형태의 아름다운 바로크 양식이다. 각 단은 장식이 많은 코린트식 기둥이 지지하고 있고, 3단은 사실 종탑 역할을 하고 꼭대기는 돔 형태의 지붕으로 마무리한 아름다운 성당이다. 워낙 가파른 언덕의 계단이 있어 성당은 마치 꽃 위에 둥실 떠 있는 것 같다.

이곳의 성당 입장료는 무료인 데 반해 종탑에 올라가려면 역시 입장료를 내야 한다. 모디카 여행을 계획했다면 종교와 관계없이 올라가 볼 일이다. 전망도 전망이지만 한창 더운 날씨에 종탑까지 올라오며 흘린 땀을 시원한 바람이 씻어주어 힘든 보람이 있다. 성당 내부는 바로크 양식의 장식물들이 금박으로 장식되어 있고 중앙 제대 왼쪽에는 거대한 파이프 오르간이 놓여 있다. 전체가 흰색인 천장의 중앙 돔은 중심 원을 가운데로 두고 8개 구역으로 나뉘어 금박 문양이 그려져 있다.

다른 지역의 성당 내부는 프레스코화나 모자이크로 화려하게 장식되어 있으나, 화려한 장식 없이도 가볍지 않고, 소박하되 아름다운 내부 모습이다.

성당을 올라올 때 화려한 꽃들이 심겨 있는 가파른 계단을 올라올 때 숨이 찼다. 그런데 종탑을 올라가는 일이 만만치 않지만 여기까지 올라왔는데 포기할 수 없어, 서두르지 않고 기도 하는 심정으로 아내와 서로 위로하며 올라갔다. 다행인 것은 성당에 순례객이 거의 없어 한가하게 우리의 페이스로 할 수 있었다.

먼저 올라간 아내의 탄성이 들렸다. 종탑에서 보이는 광경은 시간을 거꾸로 돌린 듯, 아름다움을 넘어 황홀경으로 끌어들이고, 사방을 둘러보니 내가 그 중심에서 꿈꾸는 듯하다. 올라올 때 낸 요금이 아깝지 않았고, 요금을 받는 이유를 알았다.

모디카의 황홀한 전경에 덤으로 시원한 바람마저 이마의 땀을 날려 주니 가파른 계단을 거쳐 성당에 도착해 또다시 종탑에 올라오면서 혹사시킨 두 다리에 감사하는 마음이 일었다. 세 곳에서 사진을 찍으며, 감상하고 나니 미국인 중년 부부가 역시 숨 가빠하며 올라와 벌린 입을 다물지 못한다.

이곳 시에서는 이렇게 성당 등 세계문화유산을 공공의 재산으로 하여 시 차원의 지원을 하는 것 같다. 이곳을 방문하는 사람들이 방문을 쉽게 할 수 있도록 편의시설과 도로, 화장실 등도 잘 정비되어 있고, 이방인이 주차하고 이곳저곳 둘러보는 데 문제가 없도록 배려하였다. 또 언어 등은 적극적으로 휴대폰을 들고 와 번역 앱을 켜고 안내해 주는 등 소통에도 적극적이고 친절하다. 이런 것이 결국 보이지 않는 관광 인프라인 것이다.

성당에서 내려와 자그마한 도시의 모습을 걸으면서 둘러보았다.

Trenino Barocco
MODICA

2장

지중해의 진주 몰타 Malta

1.
루쪼의 어촌마을
마르사실로크 Marsaxlokk

아쉽지만 모디카를 떠나 오늘 저녁 7시에 몰타로 출발하는 배를 타기 위해 포짤로(Pozzallo) 항으로 출발했다. 포짤로는 몰타(Malta)의 수도인 발레타(Valletta)를 페리로 갈 수 있는 유일한 항구가 있는 작은 도시이다. 도시는 외부를 연결하는 부두가 있는 도시답지 않게 깔끔하고 정갈했다.

긴 여행에서 가끔 휴식이 필요할 때 카페에 앉아 커피를 마시며 조근조근 이야기하는 재미를 즐기기도 한다. 모디카에서 30분 만에 도착하여 포짤로 시내를 걷다가 카페 하나를 발견하고 아내와 함께 배 시간을 기다리며 한가한 시간을 보냈다.

커피를 마시면서 젊은 여직원에게 그동안 궁금했던 것들을 물어보았다. 첫째, 이곳 ZTL 구역에 관해 물어보았다. 앱상에는 나타나지 않았는데 도로 표지판에 구역 표시가 있어 순간 당황했는데 여기뿐만 아니라 마르자메미에서도 그랬다. 그 여직원의 대답은 신경을 안 써도 된다는 것이다. 경찰이 이를 체크해야 하는데 아무도 관심이 없다고 한다. 두 번째는 이곳의 기념품 상가 가는 곳마다 빼곡하게 있는 여자와 남자의 두상에 대하여 물었다. 그것은 시칠리아의 도자기로 만든 "테스타 디 모로(Testa di Moro)"라고 불리는 전통적인 도자기 작품인데, 이 두상들은 시칠리아의 도자기 공예에서 중요한 역할을 하며, 시칠리아 각지의 집, 정원, 발코니 등에서도 쉽게 볼 수 있다고 한다.

테스타 디 모로는 “무어인의 머리”라는 뜻으로, 이 도자기 상들은 시칠리아의 문화와 역사적 배경을 담고 있다. 이 전통적인 조각의 기원에는 다음과 같은 유명한 전설이 있다.

시칠리아의 팔레르모에 살던 한 젊은 여인이 아름다운 정원에서 꽃을 돌보던 중, 한 무어인 남자가 그녀를 보고 첫눈에 반하여, 사랑을 고백하고 둘은 연인이 되었으나, 여인은 그가 이미 결혼하여 고향으로 돌아갈 계획이라는 사실을 알게 된다. 분노한 여인은 밤에 그를 죽이고 그의 머리를 잘라 화분으로 사용하여 자신의 정원에 두었는데, 그의 머리에서 자라난 식물들이 매우 아름답게 피어나자, 이 이야기는 주변 사람들 사이에 퍼지게 되었고, 이후 무어인의 머리를 형상화한 화분과 장식품들이 만들어지게 되었다고 한다.

오늘날 이 “테스타 디 모로”는 시칠리아의 전통과 예술을 상징하는 중요한 요소로 자리 잡았으며, 종종 화분으로 사용되거나 예술 작품으로서 장식용으로 사용된다고 한다.

카페에서 일어나 해변 산책을 하기로 했다. 어차피 페리에 승선 시간은 정해진 것이니, 여유로운 시간이 있을 때 급하지 않은 걸음으로 걸어보고 싶었다.

길 난간 너머로 보이는 지중해 빛깔은 아름다운 푸른 빛에 광채가 나는 것 같았다. 필자의 나쁜 버릇은 이럴 때 우리의 현실과 비교해 본다. 이내 부질없어 생각을 허공에 날려버렸다.

페리의 출발시간은 저녁 7시지만 90분 전에 승선 체크 마지막이라 하여 5시에 맞추어 부두로 갔다. 부두로 가기 전에 차에 기름을 가득 넣고, 식료품점 데스파에서 필요한 것들을 채우고 페리에 승선

했다. 배는 생각보다 컸고, 내부는 승선 인원에 비해 널찍했다.

그런데 이상하게 생각되는 것은 이렇게 저녁 시간에 승선하게 된 원인이었다. 낮이나 오전 시간을 고르지 못한 것은 여유 좌석이 없다고 예약이 거부되었기 때문이고, 더욱 이상한 것은 시칠리아로 돌아오는 페리 출발시간이 오전 6:30이라는 사실이었다. 이 또한 샛별 보기로 일어나 부산을 떨어야 하는데 정말 여유 좌석이 없어 그렇게 배정한 것인지 영 알 수가 없다. 물론 필자의 선택이지만 다른 시간대가 열리지 않아서 울며 겨자 먹기로 그렇게 한 것이다. 페리에서 저녁 식사를 간단하게 샐러드를 사서 해결했는데 야채 속에 밥이 들어 있어서 놀랐다. 밥은 식은 상태일 뿐 우리가 평소 먹는 밥과 별 차이가 없었다.

항공편을 이용하지 않고 불편한 페리에 렌터카를 싣고 가는 이유는, 짧은 일정상 섬을 일주하듯 둘러보려면 걷거나 대중교통으로는 한계가 있어, 차로 섬을 둘러볼 계획이기 때문이다. 그런데 밤 9시에 도착하여 페리에서 하선하여, 운전하여 빠져나오는 순간 뭔가 이상하다는 느낌이 들었다. 영국 지배의 영향으로 이곳도 우측 핸들 좌측 차선 이용 교통 시스템이었다. 필자는 사실 아무 대비도 못 하고, 정신적 각오도 없이 느닷없는 일이고, 또한 밤 9시가 넘는 시각인지라 20분도 채 안 걸리는 거리를 잘못 들고, 유턴 등을 반복하다 보니 무려 50분 넘게 소요되고, 진땀을 쏟은 후 숙소에 도착했다. 세상일은 늘 그렇듯 이럴 땐 숙소의 에어컨은 고장 나야 하는 게 맞는 것인데, 꼭 그렇게 되어 더운 날씨에 밤새 뒤척였다.

여행도 삶의 일부다. 티격태격하며 지나온 세월처럼 여행 중에도 그러기는 마찬가지이다. 사람들은 한결같기를 바란다. 좋은 순간만 한결같기를 바라는 것은 과연 공평한가? 한결같음을 바라기보다는 한결같지 않음을 받아들이고, 상처받지 않는 마음의 단련이 더 중요한 것은 아닐까? 등의 정말 쓸데없는 생각을 해 보았다.

어젯밤 늦게 몰타의 발레타(Valletta)에 도착하여 갑자기 변한 도로교통 상황 때문에 긴장하고 피곤한 탓인지 늦게 일정을 시작했다.

몰타는 우리 제주도 크기의 1/6 정도이고, 강화도보다 약간 큰, 작은 섬나라이며 이탈리아인 시칠리아와 불과 배로 1시간 40분이면 도착하는 거리에 있는 엄연한 독립국이자 소국이다. 지중해 중앙에 자리 잡고 있어 여러 세력의 지배를 받다가 마지막으로 영국으로부터 독립했다. 그 여파로 영국식 제도가 이곳에 남아 있다. 필자가 페리에서 내려 운전하다 혼쭐난 이유이다. EU 가입국으로 유로화를 사용하고, 비교적 물가가 저렴하여, 한국에서 영어를 배우려는 유학생들이 더러 보인다. 실제로 필자가 블루 그로토에 갔을 때 여학생을 만났는데 영어 배우러 두 달 일정으로 들렀다고 한다. 이곳에 거주하는 한국인 동포들이 있는 것 같다. 이들 중에는 한국에서 오는 관광객을 대상으로 안내도 하는 것 같은데, 서로 돕는 좋은 생각인 것 같다.

섬 이곳저곳을 시계 방향으로 여정을 잡아 숙소에서 30분 거리의 마르샤실로크(Marsaxlokk)에 도착했다. 몰타의 남동 방향에 있는 아름다운 어촌 마을이다.

이곳을 관광객이 찾는 이유는 세 가지가 있다. 하나는 몰타의 어촌이지만 예스럽고, 깔끔하고, 아기자기한 아름다운 모습이고, 두 번째는 싱싱한 해산물이다. 특히 한국 사람에게도 익숙한 어종인 고등어 파이, 문어 요리, 생선 스튜 등을 저렴한 가격으로 즐길 수 있다. 마지막은 이곳의 독특하게 치장한 루쪼(Luzzu)라는 몰타 전통 어선이다. 이 배는 전통 목선으로 파란색, 노란색, 빨간색을 알록달록하게 선명한 색으로 칠해져 있고, 선두에는 오시리스(Osiris)의 눈이 그려져 있다. 관광객은 루쪼를 타고 보트 투어도 할 수 있다. 마켓이 있는 부둣가에 가면 호객을 하는 선주들이 많이 있다.

MARFA
파리쉬 처치
오브 멜리에하
XEMXIJA
세인트
폴스베이
San Pawl
il-Bahar
2시간 38분
90.5km
Victoria Lines
모스타
Il-Mosta
Il-Ġnien ta' Sant'Anton
슬리에마
Tas-Sliema
몰타 섬
Malta
트오르미
Ħal Qormi
젭부즈
Ħaż-Żebbuġ
잡바르
Ħaż-Żabbar
마르사스칼라
Wied il-Għajn
루카
Ħal Luqa
제이툰
Iż-Żejtun
아샤크
Ħal Għaxaq
딩글리 절벽
GEBEL CIANTAR
IL-FAWWARA
크렌디
Il-Qrendi
Xrobb l-Għaġin
St. 피터 풀
St. Peter's Pool
Birżebbuġa
Għar ir-Riħ

오는 도중 아직도 영국식 왼쪽 차선 운전이 미숙하여 두어 번 길을 잘못 들고, 역주행 상황이 될 뻔하기를 몇 번 하면서 마르샤실로크(Marsaxlokk) 주차장에 겨우 도착했다.

별 관심이 없어 보이고 나오기 싫어하는 아내에게 차 열쇠를 넘기고, 부두를 따라 어선의 모양을 감상하면서, 사진 찍고, 토요 시장을 거쳐 차에 돌아오니 아내가 차 문을 잠그고 사라져 한동안 기다렸다.

일부러 일정을 조정한 것은 아니지만, 우연히 이 어촌 마을에 토요장이 열리고 있었다. 해산물을 비롯한 가정에서 필요한 소품들, 관광객을 위한 포장마차식 기념품 가게들이 즐비하다. 원래 이곳은 선데이 마켓 수산시장이 유명한데 사진으로 본 것과 같은 걸 보면 토요일에도 장이 열리는가 보다. 오전이지만 많은 사람이 장터에서 북적거렸다.

공교롭게도 전화기는 내비게이션 용도로 차 안에 두고 내려, 아내와 연락할 방법이 없었다. 사실 그동안 이탈리아와 시칠리아, 몰타 등을 돌아다니면서 필자가 잘난 척하는 것에 고의로 앙갚음하는 것을, 알고도 모른 척했다. 이 일로 긴장감이 돌다, 한바탕 웃고 말았다.

다음 장소인 블루 그로토로 가보았다. 지도상으로는 평이한 경로의 운전일 것으로 예상했으나, 우리나라 70년대 도시 골목같이 좁은 곳도 지나가고 경사가 급한 곳도 있어 편안한 운전은 아니었다. 블루 그로토는 예상대로 해안가에 마치 코끼리가 돌진하는 듯하거나 물을 마시는듯한 모습으로 해안 절벽이 침식되어 넓은 공간과 멋진 형태의 자연 조각품이다.

TRIPS
TAXI
POMPEI CRUISES
CALL US ON
+356 9811 1247
+356 7980 5194
TAXI SERVICE
FORT DELIMARA
KALANKA
SMALL COVE

이를 보려고 많은 사람이 이곳을 찾는다. 위에서 내려다보는 것도 있지만 보트를 타고 푸른 빛의 동굴을 순회하는 투어도 있다. 이 투어는 마르샤실로크 부두에서 바로 모집해서 출발한다.

이곳에는 험한 길을 자전거로 온 젊은이들도 있어 부러웠다. 하지만 사정없이 내리쬐는 이곳 태양 아래 걸어서 힘겹게 오는 사람들도 있다. 한국에서 유학 온 학생을 만났는데, 2달 일정으로 영어 배우러 왔다고 한다. 아내는 반가워하며 서로 사진 찍어주며 이곳에 와서 좋은 점과 애로사항 등 이야기꽃을 피우다, 아쉬운 작별을 했다.

이곳을 지나 다음 목적지인 하자르 임(Hagar Qim) 유적지를 둘러보았는데, 이곳은 몰타의 선사시대 유적지로서 기원전 3600년경에 지어진 거석 신전으로 추정된다.

현재는 석회암으로 된 돌무더기가 여기저기 있으며, 유네스코 세계문화유산으로 지정되어 있다. 관람은 유료이고 역사나 고고학을 전문으로 하는 사람에게는 흥미 있는 장소이고 개인적으로 호불호의 편차가 심할 것 같다. 돌로 만든 건축물 유적지로 보이는 사원의 터에 돌무더기와 잡초가 무성한 넓은 해안가 땅만 있기 때문이다.

아내와 필자는 문외한인지라 별다른 감흥을 느끼지 못했다. 입장료를 지불하고 둘러보았지만 입장료 대비 가성비는 평균보다 높지 않았다. 다만 몰타는 지리적으로 지중해에 있고 시칠리아 남쪽 리비아, 튀니지 등 아프리카 북부와 중간 지점에 있으니, 그동안 얼마나 많은 민족의 침탈에 부대끼며 생존을 위한 삶을 이어 왔을까 생각해 보았다.

2.
시간 속의 도시 임디나 Mdina

유적지를 뒤로하고 중간에 점심을 해결한 후 임디나(Mdina)와 라바트(Rabat)로 향했다. 해안가 도로를 따라 드라이브하다, 안쪽으로 가는 도중 멀리 직사각형 형태의 특이한 섬이 보인다. 아무리 섬이라도 해안가와 섬 모양은 어느 정도 경사가 있는 것이 일반적인데 마치 두부모가 물속에 있는 모습이다. 지도를 보니 필플라(Filfla) 섬으로 보이는데 확신은 없다.

임디나(Mdina) 몰타의 옛 수도로서 16세기 몰타의 기사단이 들어와 발레타로 옮기기 전까지는 수도 역할을 하였다. 덕분에 중세 모습이 잘 보존된 유럽의 도시 중 하나가 되고 몰타를 방문하는 관광객이 들리는 곳이다. 필자도 추천하고 싶은 좋은 곳이다.

가는 길에 멀리 성 바울 대성당(Katidral ta' San Pawl)과 임디나 성벽이 하늘에 떠 있는 듯 보였다. 주변은 9월 건기인지 베이지색 톤의 나른한 분위기다.

대성당 광장으로 가려면 성문을 통해 구시가 안으로 들어가야 한다. 도착하여 성당에 입장하려 하였으나 불행히도 여러 곳을 다니면서 시간을 지체했기에 오후 세 시를 넘겨, 성 바울 대성당에는 들어갈 수 없었다. 사실 매우 섭섭했지만 어쩔 수 없는 일이다. 나중에 이곳으로 지나면서 안 일이지만 결혼식이 있어서 그랬다고 한다.

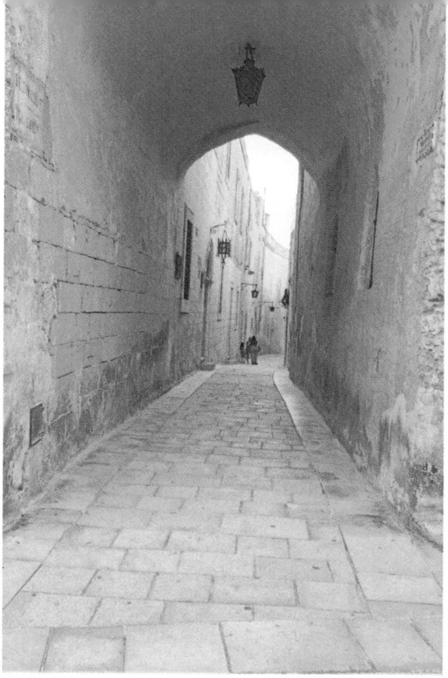

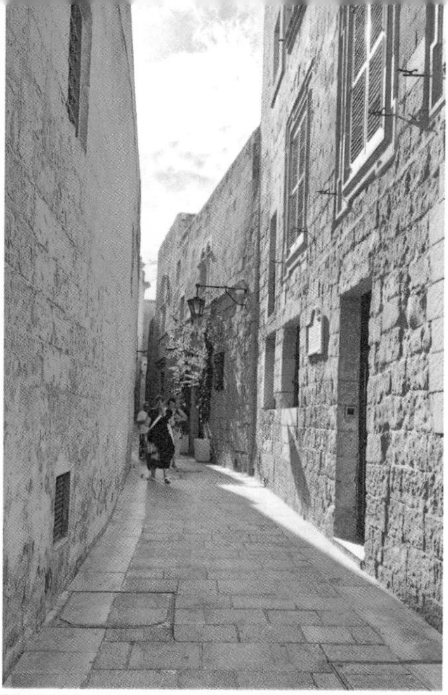

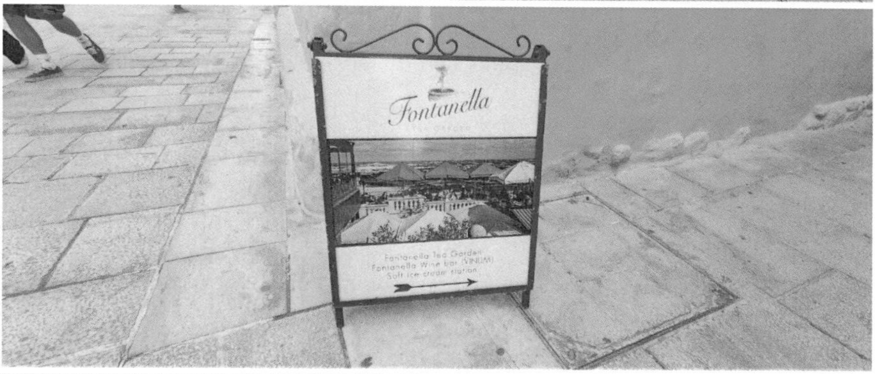
Fontanella
Fontanella Tea Garden
Fontanella Wine bar (VINUM)
Soft ice cream station

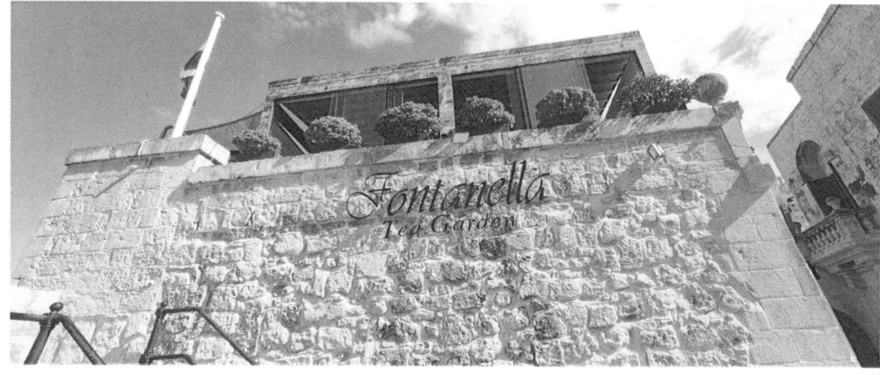

Fontanella
Tea Garden

중세풍이 물씬 풍기는 아기자기한 골목길은 파스텔 톤의 분위기를 연출하며 연신 관광객의 휴대폰 카메라를 들여다보게 한다. 여러 골목을 거쳐 골목 끝부분에 오면 조그만 광장이 나오고 젤라토 상점도 주변에 있다. 야트막한 성벽에서 사람들이 절벽 아래 절경을 감상하며, 젤라토에 혀를 문지르고 있다.

아내는 언젠가부터 별로 좋아하지 않던 젤라토가 먹고 싶다고 해서 나누어 즐기고, 뛰어난 전망으로 유명한 폰타넬라(Fontanella) 카페에서 가장 전망 좋은 자리를 10분간의 기다림 끝에 배정받아 기본 음료수를 마시며 임디나의 하이라이트를 즐겼다.

카페에서 되돌아 나와 성당 광장으로 다시 나오니 결혼식이 진행 중이었다. 흰색의 신혼부부를 태우려고 성당 앞에 대기한 차를 배경으로 관광객들이 기다렸다가 순서대로 사진을 찍는다.

임디나를 뒤로 하고, 다음 목적지로 정했던 당글리 절벽은 지나가고 골든베이를 향해 갔다. 하지만 골든베이보다는 라비에라(Ghajn Tuffieha) 비치에 더 많은 인파가 즐거운 표정으로 해변가에서 해수욕 등을 즐기고 있고, 정작 골든베이 앞 백사장 앞에는 커다란 현대식 리조트 3개 동이 버티고 있어서 그런지 사람들로 북적이지 않았다.

GHAJN TUFFIEHA
GHAJN TUFFIEHA
GHAJN TUFFIEHA
GHAJN TUFFIEHA

사실 필자가 골든베이를 간 이유는, 전 세계적으로 다녀본 나라나 지방에 골든베이 하나쯤 안 가지고 있는 나라는 별로 못 보았기 때문이다. 가는 곳마다 그래도 주변의 경관이나, 모래의 질, 인기 지역, 그리고 방문자를 고려한 시설 등, 여러 면에서 뛰어난 걸로 기억한다. 그만큼 이름이 가지는 파워가 있기에 욕심이 났다. 하지만 이곳의 골든베이는 그것과는 동떨어져 있고, 이곳 사람들에게 사랑받는 곳은 아닌 것처럼 보였다.

3.
우연히 만난 몰타의 아름다움
멜리에하 Mellieha

골든베이를 뒤로하고 오늘 여정의 마지막이라고 설정한 뽀빠이 마을의 입구에 가니 어디선가 흥겨운 음악이 나오길래 차를 세우고 내려다보니 철망이 쳐진 울타리 아래쪽 계곡 마을에 알록달록 예쁜 집들이 있고, 그 앞 광장에 전통 의상을 입은 사람들이 음악에 맞춰 춤을 추고 있었다. 한참을 내려다보다 들어가 보기로 했다.

하지만 이곳 역시 높은 담을 만들고 벽을 쳐서 내부는 조금 전에 본 것 이상을 볼 수 없게 하고 입장료를 받는다. 입장료는 인당 19유로인데 비싼 편이다. 그런데 비싼 입장료보다 다른 문제가 있었다. 사전 정보가 많지 않은 자유 여행자인지라, 그리고 서루르지 않아 늦게 도착하였다. 매표원이 우리 부부 둘에게 38유로를 지불하고 입장했다가 20분 후에 나와도 괜찮은지 묻는 바람에 입장을 포기했다.

아내와 함께 쓴 입맛을 다시고 있는데, 아내가 좌측으로 봉긋 올라온 도시의 성당 지붕을 가리키며 사진을 찍는다. 필자도 무심코 사진을 찍다가 구글맵을 보았다. 거기에는 서울에서 몰타 여행지로 표시한 도시 중 하나인 멜리에하(Mellieha)인 것으로 확인하였다. 우리는 남은 시간 여유를 고려하여 서둘러 그곳으로 갔다. 언덕 밑에 주차하고 올라간 곳은 멜리에하의 파리쉬(Parrocca tal-Mellieha) 천주교 성당이었다. 성당은 의외로 깔끔했고, 높은 성당의 언덕에서 바라보이는 바닷가 백색의 도시 풍경은 지금까지 보아온 몰타 풍경 중 최고였다. 그동안 가졌던 몰타에 대해 좋지 않은 기억을 한 번에 날려버렸다. 취향의 차이가 있을 수 있지만 여러 가지 요소를 고려해 보아도, 이곳은 저평가된 곳이다. 몰타에 갈 기회가 있다면 방문을 권하고 싶다. 사실 몰타에 도착해서 왼쪽 차선 이용해야 하는 교통 규칙의 갑작스러운 변경으로 당황했고, 숙소의 에어컨이 고장나 애먹은 것 때문에 몰타에 대한 이미지가 좋지 않았었다. 노란 베이지색의 도시 풍경들이 파란 바다 색깔과 어울려 그동안 있었던 기억을 압도하고 만다. 길이 구불구불하여 방향이 바뀔 때마다 들어오는 석양은 도시를 새하얀 색의 환상적인 풍경으로 재탄생시킨다.

아내와 함께 경이로운 풍경을 눈과 가슴에 담으려 저녁 시간임에도 시간을 재촉하지 않았다. 눈앞에 펼쳐진 멋진 풍경이 믿기지 않는 듯 아내는 "어떻게 이런 곳이 있었을까?" 나지막이 감탄한다, 사진으로 찍어보라 했지만, 필자는 그런 역량이 모자란다.

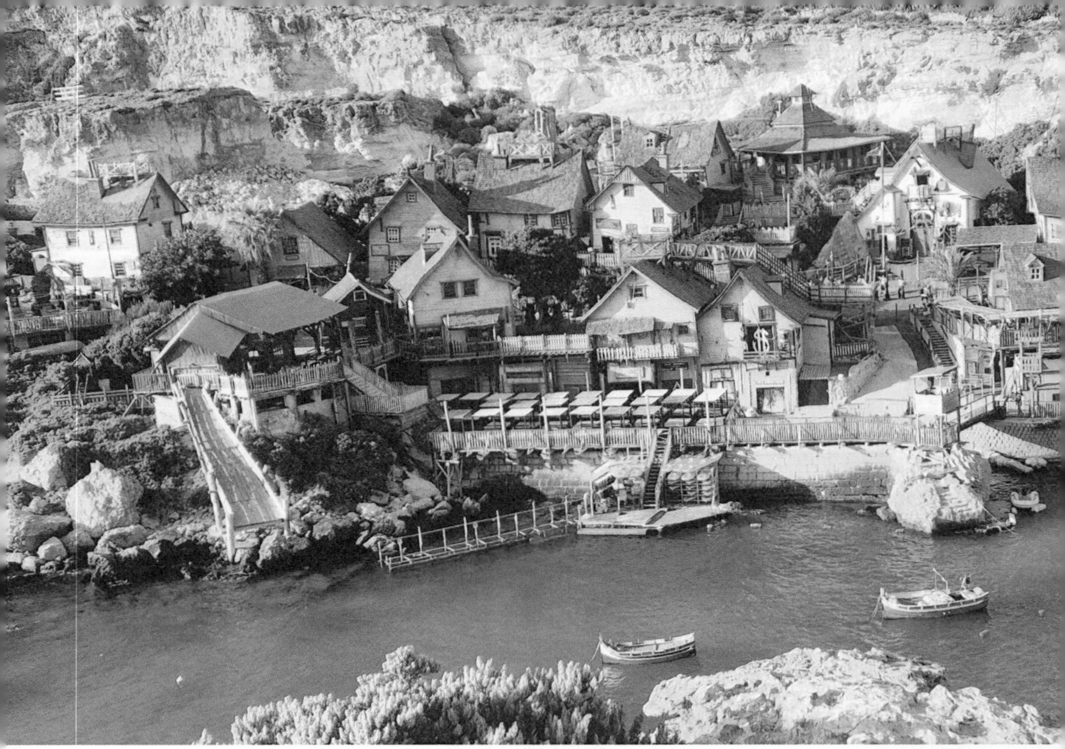

ORATORIO
IL-MADONNA
TAL-MELLIEĦA
Mellieħa Parish Church
21st September 2024, 8 PM
Jimmy Muscat
Words
Geoffrey Thomas and Carl Borg
Music
Soloists: Alan Sciberras, Ken Scicluna, Louis Andrew Cassar
Narrator: Mariette Borg
With the participation of the Imperial Band and Choir
and the Choir of the National Sanctuary of Our Lady of Mellieħa
Under the direction of Maestro Anthony Borg
Under the auspices of H. E. Mons. Charles J. Scicluna, Archbishop of Malta

오후 6시가 넘은 시각이라 미사가 진행되는 것 같아서 수녀님께 이야기했더니 후문으로 들어가면 된다고 일러 주길래 들어가 잠시 미사에 참여하고 나왔는데 알고 보니 결혼식 미사였다. 해프닝을 뒤로하고 위쪽에 있는 성당의 광장으로 가니 그곳에서 본 성당의 미사를 하고 있었다. 성당은 멜리에하에서 제일 높은 곳에 있으며 조금 전에 내려다본 장소보다도 높은 곳인데, 이곳에서 바라다본 석양 경치는 굳이 바닷가의 일몰이 아니라도 얼마든지 아름다운 세상을 볼 수 있다는 것을 말해주는 듯하다.

멋진 석양을 등지고 떠나면서 오늘 일정을 마무리했다. 평소보다는 늦은 시간이지만 여유 있게 주차한 곳으로 내려오는 도중 조금 전 보았던, 그리고 우리가 혼인 미사에 참여했던, 결혼식의 주인공들이 사진 촬영 중이었다. 필자도 실례를 무릅쓰고 허락을 받아, 행복한 모습의 새로 탄생한 부부를 축하하는 마음을 담아 촬영했다.

이곳 결혼식에서도 친구들, 친척들, 부모님들 돌아가면서 결혼 기념사진 촬영하는 모습은 어디선가에서도 흔히 보았던 광경이다.

4.
떠나기 아쉬웠던 중세 기사의 도시
발레타 Valletta

오늘은 몰타의 수도 발레타(Valletta)의 구시가지로 향했다. 숙소에서 불과 차로 10분 거리라서 서두르지 않았다. 16세기에 몰타의 기사단이 세운 도시로서, 도시명은 당시 기사 단장의 이름을 따랐으며 유네스코 세계문화유산으로 등재되어 있다. 유럽의 문화 수도로 지정된 적도 있으며 기왕에 한국에서 먼 시칠리아까지 온 관광객이라면 방문을 고려해볼 만한 도시이다.

차가 주차장에 진입하자 주차 요원이 쏜살같이 뛰어나와 편리한 곳에 주차하라고 해주고 주차할 수 있도록 도와준다. 일요일이라서 그런지 빈자리가 많아서 굳이 그럴 필요는 없지만, 8시간 주차한다고 했더니 손을 저으며 Full day에 3유로라고 한다. 시가지에서 종일 주차비가 3유로 정도이니 주차비 부담은 없는 셈이다.

구시가 입구에 있는 넓은 광장에 도착하자 커다란 분수대가 우리를 맞이한다. 분수의 이름은 트리톤(Triton)인데 셋이서 커다란 대야를 받치고 있는데, 디자인은 다르지만, 로마의 바르베르니 광장에 있는 분수와 이름이 같다.

사실 트리튼은 그리스 신화에 바다의 신 포세이돈의 아들로서 바다의 수호자를 상징하니, 작은 섬나라인 몰타로서는 당연한 일이다.

오히려 이런 분수 하나 없다면 이상한 일이다.

분수 광장에 도착하고 좀 있으니 조용하던 분수가 마치 우리를 환영이라도 하는 듯 물을 뿜기 시작한다. 바람이 세게 불어 물보라가 날리니 이른 시각부터 무지개 향연이다.

이곳도 천천히 여유를 갖고 둘러보려고 했지만, 일찍 서두른 것은 일요일이라서다. 대성당에서 미사를 볼 수 있다면 그렇게 할 요량으로 다른 일 제쳐두고 성당부터 먼저 가기로 했다. 분수가 있는 광장에서 보면 구시가 입구 대로인 리퍼블릭 가(Republic Street)로 곧장 들어갔다. 구시가로 들어가려면 넓게 열려 있는 발레타 시티 게이트(bib ii-belt)를 통과해서 가면 된다.

발레타 시내 도로는 구시가임에도 현대의 계획도시처럼 바둑판식으로 곧게 뚫려 있어, 관광객이 즐기는 구불거리는 옛 정취는 덜하다.

이렇게 도시가 건설된 이유는 외적의 침입에 대응하기 위한 조치로 보인다. 방어의 목적을 염두에 두고, 그 옛날에 이런 식으로 도시를 건설했다고 한다. 섬의 특성상 어느 방향에서 배를 타고 오는 적들을 신속하게 대응하는 방법이 현대의 바둑판 식 도로 구조인 것을 일찍 깨달은 것이리라.

천천히 주변을 살피며 걷다 보니, 오전 9:30쯤 성당에 도착했는데, 이미 시작한 뒤라 미사 중간에 들어갔다. 언어 소통은 안 되지만 천주교 미사 전례(Liturgy of the Mass)는 전 세계 공통이라 따라 하면 된다. 그런데 오늘 미사에는 무슨 일인지 6명의 신부가 미사 집전을 하고 있다.

미사를 마치고 정신을 차려 대성당 내부를 찬찬히 둘러보니, 무엇보다 화려한 금장식에 압도당하는 기분이다. 중앙 천장을 올려다보니 화려한 프레스코화가 반원형 곡면에 빼곡하다. 성 요한의 생애를 이탈리아 화가 마티아 프레티(Mattia Preti)가 그렸다고 한다. 바닥은 대리석의 모자이크 예술처럼 보이는데, 사실은 400여 명 몰타 기사단의 무덤 판이라 한다. 정교하게 조각된 문장 등은 자체로 예술적 가치가 높다.

ET FERME SOLUS TUETUR
ET NOSTER DUX CAPTÆ URBIS PRETIUM
UT ANCEPS HÆREAS
AN HAC PELOPONESSO FATALIS EXTITERIT
SUB CUIUS TRIREMIUM PRÆFECTURA
PRIMA MILITIÆ RUDIMENTA EXCERPSERAT
MILITIÆ HIEROSOLUMITANÆ DECORI
OMNIUM MOERORE SUBREPTUS

미사를 마치고 나오면서 카라바조의 '세례자 성 요한의 참수' 그림에 관해 물어보았다. 대성당 부속 박물관에 보관하고 있는데 일요일에는 운영을 안 한다고 하니 난감했다, 우리 여행이 여기까지구나 하고 체념했다. 다음날 오라는 위로 아닌 위로를 받았는데, 여행자에게 내일이란 쉽지 않은 시간이다. 한번 지나간 장소는 다음 일정 때문에 다시 가기 힘들다. 다소 같은 장소에 오래 머물 때는 예외이지만. 우리는 내일 새벽에 페리를 타고 시칠리아로 가는 일정이 있기에 어쩔 수 없는 일이다. 오기 전에 미리 파악해 두었다면 이런 착오는 없었을 것인데, 여행을 모두 완벽하게 할 수 없음은 우리 삶과 닮아 있고, 그대로 연장선이다.

그래도 너무 섭섭해서 인터넷에서 찾은 것이라도 선보인다. 이제 다음 이야기를 해야겠다.

그림을 보자면 요한은 등 뒤로 결박되어 있고, 사형 집행자는 세례자 요한의 머리채를 잡고 단도로 이미 목을 베였지만 아직 죽지 않았고, 바닥에 피가 흘러내린다. 집행자는 관리로써 오른손으로 머리를 담을 쟁반을 가리키고 있고, 집행자가 든 단도는 아직 용도가 남아 있다. 목을 베어 젊은 여인 헤로디아의 딸 살로메가 들고 있는 쟁반 위에 올려 주어야 한다.

여종은 얼굴을 감싸고 있고, 오른쪽에는 두 명의 죄수가 지켜보고 있다. 이 그림은 세로 3.61m, 가로 5.2m의 대형 작품으로 웬만한 곳에는 걸어 놓기가 힘들며, 카라바조가 유일하게 서명한 작품으로 알려져 있다. 서명은 세례자 요한이 흘린 피 앞에 피와 같은 색으로 하였다.

세례자 성 요한의 참수: 카라바조(사진 출처: 위키미디어 공용)

요한의 머리를 들고 있는 살로메: 카라바조
(사진 출처: 위키미디어 공용) 런던 내셔널 갤러리

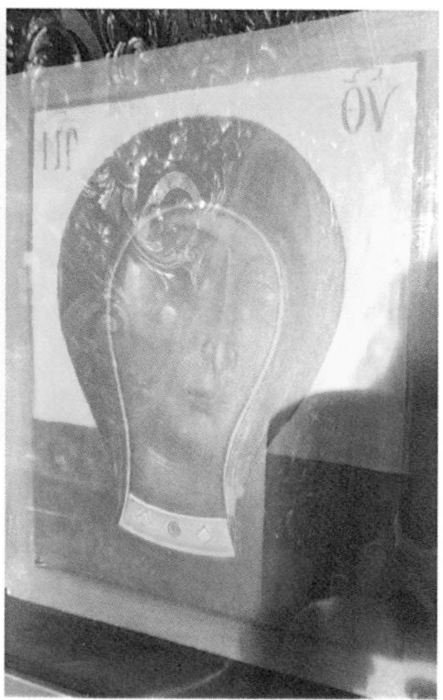

필레르모 성모상의 복제품

여기서 아시는 분도 계시지만, 막장드라마를 한 편 소개하고 넘어가려 한다. 요한을 죽이라고 명한 것은 유다 왕 헤로데이고, 헤로데에게 죽여달라고 요청한 것은 살로메이며, 살로메는 헤로데의 부인 헤로디아의 딸이다. 살로메가 왕 앞에서 요염한 춤을 추자, 왕이 만족하여, 무슨 소원이라도 들어주겠다고 하자, 요한의 목을 달라고 한 것이다. 그런데 여기서 살로메가 그렇게 한 것은 어머니 헤로디아가 시킨 것이다. 왜 그랬을까? 왕비 헤로디아는 헤로데 왕의 이복동생의 부인이었고, 헤로데가 이를 취하자 요한이 율법에 어긋난다고 비난한 것에 헤로디아의 미움을 샀다고 한다. 권력 있는 여인의 한을 품게 한 위험한 바른 말이었다.

율법상 살아있는 형제의 부인을 취하는 것은 금지했기 때문이다. 막장인 것은 살로메는 헤로데 왕의 의붓딸이라는 점이다. 막장은 시대를 막론하고 흥밋거리다.

카라바조는 같은 주제, 같은 제목의 그림을 두 개 더 그렸다. 이 그림은 이미 죽은 세례자 성 요한을 그렸다. 이 그림은 몰타의 요한 대성당에 있는 것이 아니라, 하나는 런던의 내셔널 갤러리에 또 다른 하나는 스페인 왕실에서 보관하고 있다.

공교롭게도 필자의 천주교 세례명이 세례자 요한이다. 그림을 그린 카라바조의 본명은 미켈란젤로 메리시 다 카라바조(Michelangelo Merisi da Caravaggio)이며, 먼저 태어나 더 유명한 '미켈란젤로 부오나로티(Michelangelo di Lodovico Buonarroti Simoni)'와 이름이 같아 '카라바조'로 부른다. 이탈리아 본토에서 살인죄를 짓고, 시칠리아로 피신했다가, 이곳 몰타까지 도망 와 그때 그린 그림이고, 사면되어 배로, 나폴리로 가는 도중 38살에 죽은 천재 화가이다.

성당 내부는 화려하게 금장식으로 눈이 부신 가운데, 눈에 띄는 그림이 하나 있다. 옆에 있는 설명을 읽어보니 필레르모 성모상의 복제품이다. 원본은 몬테네그로에서 소장하고 있다고 한다.

성당 옆 골목 안에서 이곳에서 특화된 꼬마 관광열차가 있어 이용해 보았는데, 골목골목 누비며 다니는 것이 신기하다. 더구나 영어로 주변 설명까지 해주니, 이곳 발레타의 명소들을 이해할 수 있었다. 꼬마 기차는 이탈리아의 주요 관광지에서 많은 활약을 한다. 물론 시칠리아의 작은 도시에서도 운영한다. 이것들이 관광객들에게 꽤 도움 된다. 각 도시의 구시가는 좁은 골목으로 되어 있고, 이곳 관광객들의 면면을 보면 노인과 어린아이를 동반한 가족 비중이 꽤 높다. 특히 미국과 영국 관광객들이 많은데, 이들은 꼬마 기차가 필요한 경우가 많다. 시칠리아를 비롯하여 이탈리아에서 관광지들이 모여 있는 구시가는 언덕이나 계단이 흔하기 때문에 이들 중에 자유투어를 하는 사람들이 원하는 것을 얻으려면 고생하며 올라가야 하는 경우가 생긴다. 이런 환경에서 꼬마 기차의 활약은 대단하다.

골목을 다니다 보면 이곳에서만 볼 수 있는 것들이 많아 다리 아프고 힘든 줄 모르고 언덕길을 몇 번씩 오르내렸다. 이곳은 평지가 아니라서 차가 다닐 수 있는 곳과 계단으로 되어 차가 다닐 수 없는 곳의 조합으로 되어 있다. 주민들이 무거운 물건들을 운반하는데 불편이 없도록 설계한 것으로 보인다.

PEPRINA
TRAIN TOUR EVERY 30 MINUTES
MON TO SUN
TOUR TIMES - 10.00 TO 16.00
ADULTS - €7.00 - CHILD - €5.00
PICK UP POINT - ST JOHN CATHEDRAL
TRIQ MARSAMXETT
SAN BASTJAN
REPUBLIC ST
PICK UP POINT
FLORIANA
GIROLAMO CASSAR
BARRAKKA LIFT
VALLETTA TRACKLESS TRAIN
TELEPHONE
THE LITTLE
DOOR
대한민국명예총영사관
THE HONORARY CONSULATE GENERAL
OF THE REPUBLIC OF KOREA

사실 지도상에서는 잘 나타나지 않지만, 구시가 길은 잘 뚫린 것 같아도 대부분이 경사지에 계단이 많아 차가 다니기엔 제한적이다. 꼬마 기차도 마찬가지지만, 그래도 한마디 더 하면 좁은 골목에 이렇게 많은 사람을 태우고 다닐 수 있는 교통수단이 또 있을까 하고 생각해 보았다. 이것을 이용하고 나니 지도상에서 보았던 발레타 시가가 현실적으로 머릿속에 그림이 그려져 걸어서 발레타 시내를 둘러보는 데 많은 도움이 되었다.

골목길을 걸어 다니다 보면 재미있는 것들이 눈에 띈다. 전체 크기기가 어른 한 뼘 정도의 붉은색 문을 자기 집 벽에 설치한 재미있는 조형물이 보인다. 방범창으로 보이는 격자망도 특이하게 아래쪽이 불룩하여 화분 등을 놓는 베란다 역할을 할 수 있도록 했고, 특이한 컬러로 만든 창문 베란다 등, 이곳에서만 볼 수 있는 골목 풍경으로 걷는 재미가 있다. 발레타 성문과 중심 도로인 리퍼블릭 가(Republic Street)에는 붉은색의 공중전화 부스가 곳곳에 설치되어 있어 관광객의 향수를 불러일으키고, 성 조지 광장(St. George's Square)에 가까운 곳에 '대한민국 명예 총영사관' 패널이 있다.

집 떠난 지 오래되어서 그런지 반가움은 이루 말할 수 없다. 그런데 명예 총영사는 뭐지? 알아보니, 자원봉사 형태로 대한민국 국적자가 아닌 사람이 자발적으로 대한민국을 도와주며 민간 외교관 역할을 맡는 제도라 한다.

MARIO'S
ICE - CREAM

YOUR WISDOM

어퍼 바라카에 도착하여, 12시 포 사격 장면을 보려 했으나 일요일이라서 이것도 안 한다고 한다. 이래저래 펑크가 났다.

많은 사람들이 포 사격을 보려고 모인 것을 보면, 필자만 몰랐던 것은 아닌가 보다. 아쉬움을 달래려 발레타 골목길을 걸으며 로우어 바라카 지역으로 내려가 점심을 먹고, 성 엘모(St Elmo) 성을 들러 다시 대성당이 있는 광장과 성 조지 광장(St. George's Square)으로 왔다.

성 조지 광장(St. George's Square)의 레스토랑에서 커피와 맥주 그리고 피시앤칩스를 주문하고 있으려니, 팔레스타인-이스라엘 전쟁으로부터 비롯된 이스라엘 규탄 시위 중에, 확성기에 대고 노래하며 함성과 알아들을 수 없는 구호를 외치고 있다.

잠시 휴식 후 재미있는 골목 투어를 계속했다. 그런데 광장 한 곳에서 놀라운 조형물을 보았다. 사실 청동 구조물을 힐끗 보고 지나가려는데, 1919란 숫자가 보여 다가가서 자세히 보았다. 왜냐하면 1919년은 "기미년 3월 1일 정오~"로 시작하는 삼일절 노래가 떠올랐기 때문이다. 옆에 있는 설명을 영어로 새겨 놓은 것을 찬찬히 읽어보고 깜짝 놀랐다. 몰타에서도 1919년 6월 7일과 8일에, 영국으로부터 독립을 쟁취하기 위해 3.1만세운동 같은 대규모 무저항 시위를 하였고 영국의 무차별 사격으로 많은 사람들이 희생을 당하였다. 우리나라의 3.1운동 소식을 들은 이곳 지식인들이 이런 저항운동을 하지 않았나 내 나름으로 생각하니, 가슴이 뜨거워졌다.

7 TA' ĠUNJU 1919
MANWEL ATTARD
KARMNU ABELA
ĠUŻE BAJADA
WENZU DYER
7 June 1919
This monument commemorates the Maltese revolution of 7 and 8 June 1919, when a large crowd from all social classes gathered in Valletta to protest against British rule. The soldiers shot on the unarmed crowd. Manwel Attard, Wenzu Dyer and Ġużi Bajada were killed on 7 June, while Karmenu Abela met the same fate the following day. Among the many wounded, Ċikku Darmanin and Toni Caruana died days later. This event led to major changes, among which was that Malta was granted Self Government in 1921. Inaugurated in 1986, the monument is the artistic work of Anton Agius.
VisitMalta
Valletta
The Caravaggio Experience at the Oratory of St John's Co-Cathedral returns following a SOLD-OUT run of performances

성 조지 광장(St. George's Square)으로 되돌아오자, 아내는 따로 혼자 두루 구경하고 싶어해서 필자 혼자 그랜마스터 궁(Grandmaster Palace Courtyard)에 입장했다. 이 궁은 16세기 기사단에 의해 지어졌고, 현재는 몰타 대통령의 집무실 겸, 정부 청사 역할을 하고 있다. 중정, 의회 홀, 무기고 등이 있어 관광객에게 관람을 허용하기는 하나 제한적이다. 필자의 경우 그랜드 마스터 궁에 입장하기 위해서는 12유로를 내야 하는데, 가성비가 낮게 느껴졌다.

한가지 실수는 몰타의 연료비가 저렴한데도 불구하고 이곳이 비쌀 것 같아, 시칠리아에서 가득 채우고 왔다는 것이었다. 간단하게 확인할 수 있었던 것을 소홀히 해서 불필요한 손실과 시간 낭비를 한 셈이다. 여행은 늘 그렇다.

숙소에 돌아와 내일 아침 일찍 체크아웃 후 부두로 가서 페리 승선 준비하고, 아내와 이후의 일정을 의논하였다. 필요한 아침 식사는 페리 내의 카페테리아에서 하기로 하고, 마트에 과일을 보충하러 갔었다. 그런데 다른 곳에서도 유사한 조치를 하지만 마트 내에 배낭과 가방을 못 가지고 들어가게 한다. 마트 앞에 로커가 있어서 거기에 보관하고 입장해야 한다. 몰타도 그렇게 안전한 곳은 아니라는 방증이다. 다만 이 점이 몰타에 오지 않아도 되는 핑곗거리까진 못 된다. 올 때는 휴일을 피해서 오기를 바란다. 몰타에 다시 올 날이 있기를 바라는 마음을 가슴에 담고, 작고 아름다운 나라를 떠난다.

Grand Master
Jean Parisot de
Valette

3장

신들과 여행하는 이야기 속의 도시들

1.
발 디 노토 바로크의 막내 라구사 Ragusa

다시 시칠리아로 가는 페리를 타기 위해 새벽 3시 반에 일어나 부산을 떨었다. 아침 6:30에 출발하는 페리지만 EU 내에서도 국경을 통과하기 때문에 절차가 필요한지, 90분 전 체크인 마감이라고 해서 어쩔 수 없이 일찍 도착해야 했다. 4:30에, 부두에 도착해서, 기다리다 여권과 승선 티켓을 체크한 뒤, 차를 페리에 싣고 거의 첫 번째로 객실에 올랐다. 필자가 탄 페리는 몰타에 올 때 이용했던 시칠리아 남쪽의 포짤로(Pozzallo)로 간다.

오늘이 월요일이라서 그리고 출근 시간이라서 많은 승객이 있을 것으로 예상했는데 객실은 거의 비어 있고 한산하다.

오늘은 발디 노토 지역의 바로크 건축물들로 유명한 곳 중 한 곳인 라구사로 가는 날이다. 바로크 예술의 삼각 편대라고 불리는 도시 중 한 곳으로 마지막 방문 도시이다. 나머지 두 도시인 노토와 모디카는 몰타에 가기 전에 방문했었다.

새벽 시간에 페리를 타면서 이른 시각에 일어나야 하는 불편함도 있었지만, 의외의 선물도 있었다. 망망대해 지중해의 일출을 오롯이 감상할 기회를 얻었다. 바다에서 일출을 보는 것은 정말 귀한 기회이다. 처음에는 조그만 투명한 씨 같은 것이 보이더니 이내 연시처럼 투명체가 쑥 올라와 인사한다.

페리 위에서 바라보는 새벽의 포짤로 항구의 모습을 보고 깜짝 놀랐다. 어쩌면 하늘의 색깔과 지중해의 푸른 빛이 같아, 마치 항구 마을은 하늘에 떠 있는 듯한 착시 현상이 일어난다. 다시 바라보니 바다에 떠 있는 섬으로 보이기도 한다. 3일 만에 페리에서 바라보는 포짤로는 환상적인 모습이다.

그동안 몰타에서 크고 작은 실수로 께름직하고, 경직되었던 마음이 금세 누그러지고 따듯해졌다. 이렇게 세상은 보이지 않는 것에서 균형을 맞춰 나가나 보다.

페리에서 내려 상쾌한 기분으로 라구사로 향했다. 3일간의 좌측 차선 운전으로 부담이 됐던 운전을 원점으로 되돌리니 마음이 편안했다. 이럴 때 더 조심해야 한다는 것 독자들도 참고하기를 바란다. 사소한 사고는 교만이거나, 방심이란 틈을 비집고 들어오나 보다. 어렵고 상황이 안 좋을 때는 보수적인 선택을 하지만, 잘 나가고 상황이 좋을 때는 도전적 선택을 누구나 하기 쉽고, 이를 제어하는 것은 매우 어렵다.

사실 몰타에서의 운전은 하이브리드 운전이라고 해야 옳다. 즉 몰타의 자동차들은 운전대가 모두 우측에 있으면서 차선은 좌측이다. 그런데 필자는 승용차를 시칠리아로부터 가져갔으니, 운전대도 차선도 좌측에 있었던 셈이다.

시칠리아의 도시들이 저마다 특징이 있지만 라구사는 정말 특이하다. 양쪽 계곡 사이가 돌출되어 높낮이가 심한 곳에 있는 도시이다. 그리고 높은 지역이 신시가이고 꽤 먼 높이의 아래쪽에 구시가가 있다. 보통은 거꾸로 되는 것이 일반적이다. 차를 가지고 도시에 진입할 때 이상한 느낌이 들었다. 헤어핀처럼 구불구불한 길을 조심스럽게 운전하면서 언뜻언뜻 보이는 대성당의 큐폴라가 가까워져야 하는데, 점점 멀어지고 있었기 때문이다. 이것은 필자가 착각했기 때문이다. 그것은 라구사(Ragusa) 이블라(Ibla) 지역에 있는 산지오르지오 대성당(Duomo San Giorgio) 큐폴라였는데, 우리는 세례자 성 요한 대성당(Cattedrale di San Giovanni Battista)이 있는 신시가인 수페리오레(Superiore) 지역으로 가고 있었기 때문이다. 라구사에서 들러야 할 곳은 세 곳으로, 신시가의 성 요한 대성당, 이블라 구시가의 산조르지오 대성당, 그리고 산타마리아 성당(Curch of St Mary) 인근에 있는 이블라 지역이 잘 보이는 전망대(Mirador de Ragusa Ibla)이다.

한 시간이 채 안 걸려 라구사 신시가에 도착하고, 주차는 우체국 건물이 있는 지하 공용 주차장을 이용했다.

지상 우체국 지상 광장에는 꼬리에서 물이 나오는 물고기 형상의 재미있는 분수가 있다.

언덕길을 걸어 올라가 세례자 성 요한 성당에 먼저 들렀다. 이 성당 역시 바로크 양식의 성당은 주변의 건물들을 압도하듯 높은 곳에서 내려다보고 있다. 파사드는 정문 위 화려한 문양을 제외하고 고딕의 노란색 소박한 모습이었다. 성당은 그늘을 만들어 힘들게 언덕길을 올라오는 순례자를 위로하듯 인자한 눈빛으로 어서 오라고 팔을 벌리고 있는 듯하다.

이곳에 오려고 8시에 페리에서 내려 바로 와서 주차하고 주차장 옥상에서 보이는 우체국 건물 앞 분수가 신기하여 둘러보고 사진 촬영을 하였지만, 그 외에 지체한 것이 없었기에 일찍 도착했다. 성당 문을 밀고 들어가자, 우리가 너무 일찍 온 탓인지, 성당 관계자는 순례자를 받을 준비를 아직 못하였고, 우리가 들어가자 서둘러 탁자를 설치하고 있었다. 성당의 입장료는 종탑을 포함한 입장료가 2유로이다.

성당은 붉은빛이 도는 노란 베이지색으로 단일화하여 멀리서 보면 소박한 모습이지만 바로크의 특성상 가까울수록 그 화려한 문양을 볼 수 있다. 출입 정문 위에 아름다운 바로크 장식이 돋보인다. 전면 파사드 중앙 맨 위에 삼각형의 가운데에는 시계가 있고, 그 정점에는 십자가가 아니고, 종이 걸려 있다. 십자가는 성당 본관 지붕 꼭대기가 아닌 종탑 꼭대기에 설치되어 있다. 설계자의 마음속에 있는 나름의 신념과 변화를 주고자 하는 의도는 이해할 수 있었다. 나는 문득 오래전의 성당 설계자에게 묻고 대답을 듣고 싶었다. 어째서 성당 본관 꼭대기에 십자가를 설치하지 않았는지 궁금했는데, 지진이 자주 일어나는 자연 특성 때문에 높이 하는 것을 피하다 보니, 구조적으로 높아도 안정적인 종탑에 십자가를 설치한 것으로 추측한다. 더욱이 이 성당은 지진 전에 이블라(Ibla) 지역에 있던 것을 지진으로 손상되어 이곳으로 옮겨 지은 것이라 한다.

성당의 내부 정면의 붉은색 주단으로 장식한 제대는 여느 성당처럼 화려하지는 않아서 마음이 편안해진다. 돔이 있는 천장은 주변에 성서 내용을 주제로 한 프레스코화가 있다. 천장 전반은 복잡한 성서 내용의 프레스코화가 없는 기하적 큰 무늬와 금빛의 아기 천사가 있어서 오히려 가슴이 후련해지는 느낌이 든다. 복잡한 성서 이야기들을 담은 천장 프레스코화를 오래 보려고 올려다보면 현기증이 날 때도 있었다. 필자의 경우, 성서의 내용이나 기독교 에피소드 그림은 모르거나 이해하지 못하는 것이 태반이다. 별개로 문양을 넣은 천장과 돔 내부는 마음을 가볍게 한다. 성당 정문 위의 파이프 오르간은 어쩌면 성당 무게의 균형을 맞추는 느낌이 든다.

종탑에 올라가기 위해서는 배낭 같은 것들을 두고 오는 것이 편안하다. 무게보다 올라가는 두 번째 계단의 통로가 비좁아 정말 한 사람도 간신히 올라갈 정도다. 종탑에서는 종들이 모여 있는 층과 거기서 좀 더 올라가면 성당의 큐폴라, 신시가지와 구시가가 한눈에 보인다. 멀리 이블라 지역의 대성당 돔도 보인다.

Palazzo delle Poste 10
Palazzo della Prefettura
Palazzo Municipale
Museo Civico "l'Italia in Africa"
Palazzo Zacco
Palazzo Bertini
onvento del Carmine

MONTALBANO TOUR

GREEN TOUR

Clicca e Leggi
GUARDA DENTRO
Click and Read

SAN GIOVANNI BATTISTA
INGRESSO
CAMPANI
ENTRANCE TO THE BELL
Ticket
Ingresso al Campanile
Entrance to the Bell tower
€ 2,00
Campanile + Museo della Cattedrale
Bell tower + Cathedral museum
€ 3,00
Campanile (1° livello - 129 gradini)
Bell Tower (1st level - 129 steps)
Terrazza panoramica (2° livello - 36 gradini)
Panoramic terrace (2nd level - 36 steps)
Aperto dal lunedì al sabato
Open from monday to saturday
ore 9.30/12.00 - 15.00/18.30

prefettura
questura
polizia municipale
tutte le direz
RAGU

아침 시간이지만 묵상하고 구시가가 한눈에 보이는 산타마리아 교회 앞 'Vista della citta vecchia Ibla'로 출발했다. 걸어서 내려가는 길은 경사가 제법 있지만 신시가 지역이라 가급적 계단을 없애 차량 통행이 가능하게 했다.

내리막길은 포장되어 있고, 계단은 없지만 가팔랐다. 여유 있게 성모 마리아 성당에 도착하자 이블라 구시가지가 한눈에 들어왔다.

구시가는 다른 곳과 다르게 신시가보다 훨씬 아래쪽에 있다. 이곳에서 구시가는 마치 동화 속의 마을처럼 아기자기한 풍경과 멀리 이곳 두오모인 성 조르조 대성당(Duomo di san Giorgio) 돔이 보인다.

우리는 두오모 대성당에 가기 위해 차를 가지고 갈 것인가, 걸어서 갈 것인가 갈등하다가 아무래도 언덕길을 40여 분 내려갔다가 다시 주차장이 있는 신시가로 걸어서 오기에는 우리의 체력으로 부담이 될 것 같아 차를 선택했다.

가는 길은 좁은 골목길에 헤어핀 도로라서 만만치 않았고, 여유 공간에는 어김없이 현지인의 차가 주차되어 있어 바늘구멍을 지나가는 기분이었다. 고생 끝에 유료 주차하고 티켓을 뽑아 차에 놓은 후 대성당을 향했다.

DIVIETO

ORGANUM MAXIMUM

성당은 역시 3단 구조의 바로크 양식이고, 꼭대기의 중앙에는 시계가 있다. 각 층은 좌우에 각각 화려한 코린트식 장식 기둥 세 개씩 받치고 있어 안정감 있고 늘씬해 보인다. 경사진 광장 위쪽의 성당은 우리를 반기듯 내려다보는 느낌이다. 전면의 문들은 철책으로 둘러쳐 있고 출입은 길목에 거리 악사가 기타로 성당에서 나오는 성가를 따라 연주하고 있는 왼쪽 계단으로 올라가, 작은 출입문을 이용한다.

성당 내부는 삼랑식이며, 좌우 양쪽과 전면 제대는 붉은색 주단으로 장식하고, 정 중앙에는 십자가와 예수님상이 있다. 천장에는 복잡한 프레스코화는 없고, 흰색의 돔이 있는 중앙 천정과 역시 흰색 기둥으로 받혀진 큐폴라 사이는 투명 유리로 마감하여 성당 내부는 밝다. 이러한 흰색 내부 장식들은 측면 벽의 주단 커튼 장식과 매우 잘 어울린다.

두오모 성당을 나와 성당 앞 카페테리아에서 점심으로 파스타와 닭고기를 주문했는데 음식이 생각보다 늦게 나왔지만, 파스타의 맛이 의외로 뛰어나 남김없이 먹고 여유 있게 서두르지 않고 두루 둘러보며 주차장으로 왔다. 파스타는 메뉴판 상에 '쉐프의 파스타'라서 정확히 무엇인지는 모른다.

주차장에 다 도착할 무렵 왠지 주차 단속요원인 듯한 복장의 여자가 바삐 전화하며 걸어가길래 보는 순간 약간 싸한 느낌이 있었다. 우리가 성당을 천천히 둘러보고, 점심 식사를 여유롭게 하고, 화장실 등을 들리며 많은 시간을 소비했다. 이렇게 지체하며 골목길

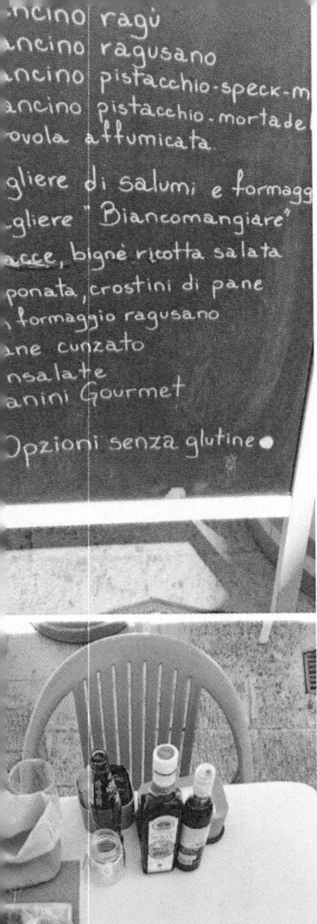

감상까지 하는 동안에 주차 티켓 허용 시간을 약 5분 정도 초과했다. 차에 가 보니 아니나 다를까, 티켓이 있었다. 너무 여유 있게 점심 식사를 길게 하는 바람에 티켓을 받은 것이다. 티켓을 기계에서 뽑을 때 좀 더 여유 있게 할 걸 하고 후회했지만, 도움이 안 된다. 길게 되어 있는 티켓은 모두 이탈리아어라 내용을 몰라 망설이다가 중년 여성에게 도움을 청했다. 그런데 그 여성 역시 독일의 뮌헨에서 관광차 방문한 사람이라, 우리와 비슷했으나, 그래도 도와주려고 분주하게 이리저리 알아보고 있었다.

그런데 그래도 우리보다는 이탈리아어 해독력이 나았는지 이런저런 설명을 영어로 해주는데, 취지는 그 여성도 내가 알고 싶어하는 것, 얼마를 어디서 어떻게 내야 하는지는 모른다. 할 수 없이 티켓 사진을 찍어 숙소 주인에게 전송하고 도움을 청했다. 답이 즉시 왔는데, 경찰서에 내면 된다고 해서 5분 거리의 경찰서를 방문했다. 경찰서는 경비도 없고, 사무실은 1, 2층인데, 그 넓은 여러 개의 1층 사무실에는 문만 휑하니 열어놓고 아무도 없다. 평일 오후 2시인데 황당해서 2층으로 올라갔더니, 그곳에도 사람은 없다. 가까스로

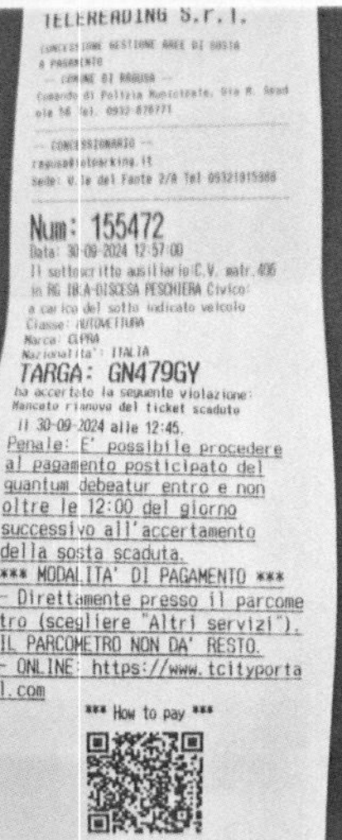
TELEREADING S.r.l.

CONCESSIONE GESTIONE AREE DI SOSTA A PAGAMENTO
— COMUNE DI RAGUSA —
Comando di Polizia Municipale, Via [illegible] ela 56 Tel. [illegible]

— CONCESSIONARIO —
ragusa@[illegible]
Sede: V.le del Fante [illegible] Tel [illegible]

Num: 155472
Data: 30-09-2024 12:57:00
Il sottoscritto ausiliario C.V. matr.406
in RG IBLA-DISCESA PESCHIERA Civico:
a carico del sotto indicato veicolo
Classe: AUTOVETTURA
Marca: CUPRA
Nazionalita': ITALIA
TARGA: GN479GY
ha accertato la seguente violazione:
Mancato rianovo del ticket scaduto
il 30-09-2024 alle 12:45.
Penale: E' possibile procedere al pagamento posticipato del quantum debeatur entro e non oltre le 12:00 del giorno successivo all'accertamento della sosta scaduta.
*** MODALITA' DI PAGAMENTO ***
- Direttamente presso il parcometro (scegliere "Altri servizi").
IL PARCOMETRO NON DA' RESTO.
- ONLINE: https://www.tcityportal.com
*** How to pay ***

Decorso tale periodo verra' applicata la sanzione prevista dall'art.7, comma 15, Codice della Strada consistente nel pagamento della sanzione pecuniaria pari ad euro 26

맨 끝 방에 문이 닫혀 있길래 노크했더니 인기척이 있어 문을 열고 안을 들여다보았다. 놀란 눈으로 바라보는 중년의 여성 경찰에게 주차 위반 쪽지를 보여주며 어디에서 내야 하는지를 영어로 물었더니, 영어는 못 알아듣고 주차 딱지만 알아본 모양이다. 손가락을 아래로 가리키며 퍼스트라고 하길래 다시 1층으로 내려와 비어 있는 여러 개의 방을 지나 닫혀 있는 방을 두드렸더니 역시 인기척이 있어, 안으로 들어가 영어로 묻고 벌금 쪽지를 흔들어 보였다. 그곳에는 중년의 여성 경찰 2명이 있었는데, 단번에 쪽지를 알아보길래 이젠 됐다고 생각했다. 그런데 주머니에서 신용카드를 꺼내며 얼마를 내야 하는지를 묻자, 검지를 펴서 입 주변으로 가져가 좌우로 흔든다. 두 사람 모두 영어를 몰랐다. 얼른 휴대폰의 번역 앱으로 대화했다. 그런데 결론적으로 경찰서에서는 돈을 받을 방법이 없고, 자기네들도 어떻게 내는지도 모른다는 것인데, 기가 막혔다. 이곳 경찰서에는 필자 혼자 들어왔고, 아내는 차에서 이제나저제나 애타게 기다릴 것으로 생각하니 마음은 급했지만, 방법이 없다. 한가지 아는 것은 주소를 주며 거기 가서 물어보라는 것이다. 5분 정도 늦은 것이 내 실수이기는 하지만 그래도 해결하려고 하면 알려는 주어야 하지 않을까? 우왕좌왕 두 여성 경찰들과 휴대폰을 들고 서로 말하는 도중, 조금 젊어 보이는 여성 경찰이 한 명이 들어 왔다. 무슨 일인가 자기들끼리 이탈리아어로 대화한 후, 기다란 벌금 티켓을 찬찬히 보더니 영어로 알려준다. 티켓을 뽑은 길거리 주차 티켓 기계에 내면 된다고 알려 준다. 필자가 의심병이 있어서 물러서지 않고, 기계에서 어떻게 알고 어떤 금액을 지불해야 하는지 캐물었다. 우선 기계에서 옵션을 선택하는데 티켓을 뽑는 것이 아니고 기타 거래를 선택하고 벌금 고지서 상단의 티켓 상단에 있는 고유번호를 입력하면 된다는 것이다. 보통 우리는 확률적으로는 비슷하겠지만 감성적으로는 나쁜 일은 단독으로 등장하지 않는다는 느낌이 있다.

두 번째 문제가 시작되었다. 그러면 내가 한참 전에 티켓을 구매했던 기계에 다시 가야 한단 말이냐? 하고 물었더니, 아무 데서나 기계만 있으면 된다는 것이다.

장시간 아내 혼자 차에 두고 온 것 때문에 불안하기는 했지만, 경찰서에서 해결 방법을 알고서, 바로 아내에게 갔다. 차와 경찰서는 100미터 정도였는데 불안해했을 아내에게 미안한 마음이 들었다. 그러나 어쩔 수 있는 상황이었다.

차를 몰아 주차 티켓 기계가 있는 곳을 찾아가 벌금을 냈다. 벌금은 고작 1유로도 안 되었는데, 그 난리를 피웠다. 아마 5분 초과에, 당일 지불이라 경미한 것으로 추정한다.

알고 나니 별것도 아닌 것을, 법석을 떨고 나서, 숙소가 있는 피아자 아르메리나(Piazza Armerina)로 향했다. 그곳에서 빌라 로마나를 방문할 계획이기 때문이다. 주차 티켓 문제로 다소 예정보다 지체되었기 때문에 라구사에서 피아자 아르메리나로 가는 여정은 조금 늦은 오후가 되었다. 시칠리아 바닷가를 떠나, 섬 내부 중심지로 가는 길은 구릉지대의 연속으로 연결되어 있다. 굽이굽이 시야에 아스라이 보이는 능선과 계곡 곳곳에는 내년을 위해 곱게 갈아 놓은 경작지들과 그 곁에 달린 농가들이 평화롭게 흩어져 있다. 농가들은 저녁노을 때문인지 외로워 보인다.

해는 기울었고 아직 열기가 남아있지만 서서히 식어가는 시각이다. 차로 달리는 길 끝에는 농가의 한가한 올리브 나무 경작지가 줄 세운 피곤한 병사들처럼 늘어서 있고 멀리 높낮이가 변화무쌍한 능선에는 인간 삶의 실루엣이 묻어나온다.

필자는 여행자이다. 수천 년 인고의 역사를 갖고 말없이 부둥켜안고 있는 이 시칠리아에 여행자가 무슨 이야기를 할 수 있을까? 주도 세력의 민족과 종족이 여러 번 뒤집어진 시칠리아는, 외침에 시달렸다고는 하지만 우리와는 다르다. 우리는 어떻게 든 정체성을 지켜냈지만, 이들은 무너지고 뺏기면서, 여러 종족으로 섬기는 이들이 바뀌고 그들로부터 구박받았다. 상쾌한 바람, 부드러운 햇살, 아름다운 풍경 여행자로서 호사를 누리지만, 과거에 이들의 아픔이 있었기에 가능한 것으로 생각하니 더 소중하고 애틋함으로 다가온다.

숙소에 주차 티켓 문제로 예정보다 늦게 도착하여 한 번 더 충격을 받았다. 마치 6성급 호텔 같은 분위기의 숙소였다. 외딴 독채인데 인테리어나 내부는 반짝였고 주변은 꽃향기와 절제된 자연의 품안에 있었다. 영화에서나 볼 수 있는 꽃밭 속 비밀의 정원 같은 깨끗하고 멋진 공간과 수영장, 이것을 둘러싼 주변의 꽃나무, 허브들이 각자의 공간에서 숙소와 조화를 맞추고 있다. 이곳에 어울리지 않는 것은 내가 타고 온 자동차뿐이다.

호스트는 내부도 안내해 주면서 대형 냉장고를 열어 여러 종류의 치즈를 일일이 소개해 주면서 취향대로 즐기라고 하고, 내부 시설 조작하는 방법을 알려주고 갔다. 내부는 분대가 머물러도 될 만큼 널찍했지만 아늑했다.

2.
고대 로마인의 초대 빌라 로마나 Villa Romana

오늘은 모자이크 유적으로 유명한 빌라 로마나 델 카살레(Villa Romana del Casale)를 거쳐 신전의 계곡(valle dei Templi)이 있는 아그리젠토(Agrigento), 인근 해변에 있는 스칼라 데이 투르키(Scala dei Turchi) 등을 둘러본 후 숙소가 있는 코를레오네(Corleone)를 가기로 했다.

숙소가 있는 피아차 아르메리나(Piazza Armerina)에서 빌라 로마나는 숙소에서 가깝기 때문에 서두르지 않았다. 도시는 시칠리아 내륙의 전형적인 모습이지만, 지나가는 여행자에게 성당의 큐폴라가 보이는 멋진 풍경을 선사한다.

빌라 로마나에 도착하여 주차장을 보니 상상했던 것보다 넓어서 놀랐다. 그만큼 찾는 사람들이 많다는 것을 짐작하게 한다.

이 빌라를 언제, 어떤 사람이 조성했는지는 지금까지 밝혀진 바는 없다. 여러 가설이 있는데, 대략 300년경 디오클레티아누스(Diocletian) 황제 혹은 콘스탄티누스(Constantine) 황제 시기로 추측하고 있으며, 소유자는 일반인이 아닌 당시의 총독이나, 원로원급 귀족, 로마의 장군급 이상 군사 지도자 등이다. 일부에서는 막시미아누스

(Maximian) 황제와 관련설이 있으나, 뒷받침할 만한 근거는 하나도 없다고 한다.

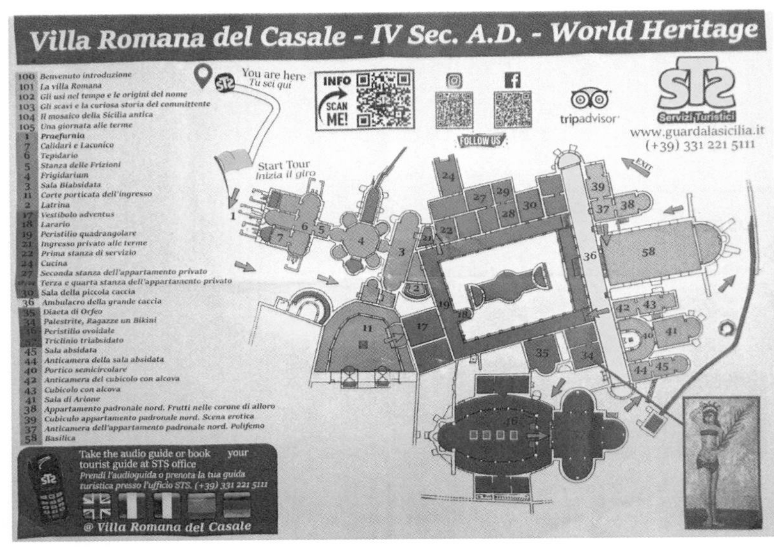
Villa Romana del Casale - IV Sec. A.D. - World Heritage
100 Benvenuto introduzione
101 La villa Romana
102 Gli usi nel tempo e le origini del nome
103 Gli scavi e la curiosa storia del committente
104 Il mosaico della Sicilia antica
105 Una giornata alle terme
1 Praefurnio
7 Calidari e Laconico
6 Tepidario
5 Stanza delle Frizioni
4 Frigidarium
3 Sala Biabsidata
11 Corte porticata dell'ingresso
2 Latrina
17 Vestibolo adventus
18 Larario
19 Peristilio quadrangolare
21 Ingresso privato alle terme
22 Prima stanza di servizio
24 Cucina
27 Seconda stanza dell'appartamento privato
Terza e quarta stanza dell'appartamento privato
30 Sala della piccola caccia
36 Ambulacro della grande caccia
35 Diaeta di Orfeo
34 Palestrite, Ragazze un Bikini
Peristilio ovoidale
Triclinio triabsidato
45 Sala absidata
44 Anticamera della sala absidata
40 Portico semicircolare
42 Anticamera del cubicolo con alcova
43 Cubicolo con alcova
41 Sala di Arione
38 Appartamento padronale nord. Frutti nelle corone di alloro
39 Cubiculo appartamento padronale nord. Scena erotica
37 Anticamera dell'appartamento padronale nord. Polifemo
58 Basilica
You are here
Tu sei qui
Start Tour
Inizia il giro
INFO
SCAN ME!
FOLLOW US
tripadvisor
Servizi Turistici
www.guardalasicilia.it
(+39) 331 221 5111
EXIT
Take the audio guide or book your tourist guide at STS office
Prendi l'audioguida o prenota la tua guida turistica presso l'ufficio STS. (+39) 331 221 5111
@ Villa Romana del Casale

중앙에 직사각형의 중정이 있고 각 방향의 회랑 뒤쪽에는 기능이 서로 다른 공간들이 나누어 들어서 있는 구조이다. 이 빌라는 12세기경에 홍수와 산사태로 묻혀 있던 것을 20세기 초에 발굴하기 시작한 것이라 한다. 만약에 산사태가 없어, 긴 세월을 노출된 상태였다면 지금 우리가 볼 수 없을지도 모른다. 발굴 이후, 정교하고 규모가 큰 바닥 모자이크로 유네스코 세계문화유산으로 등재되어 있어, 많은 관광객을 부른다. 하지만 조금 염려스러운 생각도 든다. 관람객을 수용하다 보면 유적지를 포함한 유물들이 훼손될 것 같은 생각이 든다. 관람 통로를 따라 데크를 설치하여 훼손되지 않는 방식이겠지만, 많은 사람들이 밀려오면 장담하기 어렵다. 한편 데크가 약간 높아 사진찍기는 불편하다. 물론 사진을 찍는 것이 전부가 다는 아니지만. 필자의 솜씨에 한계가 있어, 기념품 매장에서 영어판 책자를 구입하기로 했다.

주차장에서 나와 약간의 언덕을 올라가면 매표소가 나온다. 이어 입구로 들어가면 먼저 이오니아식 기둥만 남은 공간이 나오고 바로 고대의 목욕탕 시설들이 보인다. 목욕탕에는 요즘처럼, 냉온 목욕 공간은 물론이요, 사우나와 전문 마사지실이 있고, 마사지사로 보이는 모자이크도 보인다. 지금도 남아있는 화구는 물을 데우거나 공기를 데워 난방도 가능하게 되어 있다.

23
Fourth room
of the private flat

안쪽으로 들어가면 본격적으로 바닥과 벽에 정교한 모자이크들이 나오는데, 그 규모나 정교함과 아름다움에 놀라지 않을 수 없다. 관람자들은 높이 설치되어 있는 데크를 따라 안내된 방향으로 이동하면서 관람하면 된다. 가이드가 없으면 아래로 보이는 모자이크를 지나가면서 사진을 찍는 것으로 만족하고, 좀 더 세밀히 관람하려면 가이드 투어를 하면 된다. 가이드 투어가 아니라도 천천히 가면서 이탈리아어와 영어로 되어 있는 설명문을 차분히 보면 된다.

한 가지 높은 데크 위로 다니기 때문에 사진이 쉬울 것 같지만 각도나, 외부 빛 때문에 사진 찍을 때 어려움을 겪었다.

모자이크들은 너무나 광범위하고 규모가 커 일일이 설명하기는 어렵다. 그러나 여러 가지 용도의 공간별 특정한 주제의 모자이크가 있고, 단순한 통로와 공간에는 기하학적인 문양의 모자이크로 채웠다.

관람자들이 눈여겨보아야 할 것은 두 가지이다. 하나는 유난히 사냥을 주제로 한 모자이크가 많다는 것인데, 첫째가 작은 사냥 게임(Small Game Hunt), 두 번째가 어린이 사냥꾼(Child Hunters) 마지막이 그레이트 헌트 혹은 빅 게임 헌트(Big Game Hunt)로 불리는 거대 사냥 장면 모자이크이다. 이중 압권은 빅 게임 헌트인데 앞에 있는 빌라 로마나 지도 사진 노란색의, 길이는 60m에 달하는, 36번 직선 회랑을 가득 메운 사냥 장면 모자이크이다. 모자이크는 위치별로 아프리카부터 아시아에서의 동물 포획 장면과 동물들을 배에 싣고 내리는 장면들을 사실적으로 표현한 광경이 놀라울 따름이다. 그 규모가 커서 놀라는 것도 있지만, 마치 옆에서 사냥 장면과 운반 과정을 설명해 주는 느낌과 혹은 서사시를 읽는 기분이 든다.

두 번째는 운동하는 젊은 여인들의 모자이크인데 그 복장이 오늘날의 비키니 스타일이다. 자세히 보면 오늘날 비키니의 모델이 됨직하지만 천으로 싸맨 느낌도 든다. 그리고 상상해 보면 여염집의 소녀들이 아니고 남성 검투사처럼 노예 신분의 프로 운동선수가 아니었나 순전히 내 생각을 해 보았다.

엄청난 모자이크를 제외한 화장실, 수도교 등 나머지 유적들은 유적지에서 흔히 보이는 그런 것으로 생각하여 별로 주목하지 않았다.

빌라 로마나 유적지를 돌아보면서 건축을 맡았던 당시 인물은 엄청난 유머 감각의 소유자였을 것이란 생각이 들었다. 아이들 방에 조류의 목에 전차를 걸어 어른들의 전차 경기를 패러디한 모자이크는 웃음을 자아내게 하고 어린이 사냥꾼에는 수탉에게 쪼이며 도망가는 아이의 모자이크가 있어 모두 웃게 만든다.

우리가 관람을 마치고 나오려는데 사람들이 몰려오기 시작했다. 아마 단체 관광객인 듯 한국말도 들린다.

3.
신들과의 대화 아그리젠토 Agrigento

아침 일찍부터 일정을 진행했지만 빌라 로마나에서 지체한 시간이 많아 서둘러 아그리젠토로 출발했다. 서두르면 어김없이 문제가 생기는데, 주차장 출구 바리게이트에서 주차비 정산 방식인 줄 잘못 알아 한참을 정문으로 갔다가 진땀을 뺀 후 주차장으로 되돌아가 거기서 정산 후 출구로 나갈 수 있었다. 출구 바리케이드 일대는 한동안 대형 버스를 비롯하여 여러 대의 차가, 출구를 막고 있는 내 차가 나갈 수 있도록 후진 유턴하는 과정에 난장판이 되었다.

빌라 로마나에서 아그리젠토까지 약 100km로 2시간 가까이 소요되었다. 아그리젠토 신전들의 계곡 동쪽 출입구에 도착하면 가까이에 헤라의 신전이 있다. 아그리젠토의 신전들은 기원전 5~6세기경 그리스인들에 의해 건설되었는데 이후 카르타고에 의해 파괴되었고, 이후 로마 지배하에 복원되었으나, 기독교의 전파로 파괴되었다고 한다. 그리스인은 왕성한 진출 시기에 시칠리아에 신전과 원형극장을 건설하여 제우스, 헤라, 콘코르디아 등 올림포스 신들에게 예배드려 신들의 보호를 받고, 정치적으로는 자신들의 부와 세력을 과시하였다. 현재는 7개 신전의 흔적과 유적이 남아 있다.

신전의 계곡
Valle dei Templi
Agrigento Sicily Tour
Carmela Cacciatore
Villa Athena
Resort, a SLH Hotel
Giardino della
Kolymbethra
카스토르
플룩스신전
제우스신전
Olympian Zeus
Temple of Heracles
헤라클라스신전
왕복 보행로
Temple of
Concordia, Agrigento
콘코르디아신전
동쪽입구주차
Ticket office Valle
dei Templi - Tempio...
Valley of the Temples
in Agrigento - Enable...
Tomb of Terone
Via Giuseppe la Loggia
Tempio di Giunone
헤라신전
Contrada Bennici
Via Giuseppe la Loggia
Via Giuseppe la Loggia

필자는 동측 주차장을 선택하여 카스토르 폴룩스 신전까지 도보로 왕복하는 방법을 선택했다. 거리상으로 왕복 4km가 안 되기 때문에 체력적인 부담은 없었다. 신전들이 있는 곳이 고지대이기 때문에 걸어서 가면 지중해 쪽으로 보이는 절경과 신전 주변의 자연 조경 같은 암석들을 관망할 수 있다. 체력적인 부담이 있다면 유료의 경내 카트 차량이 있고, 주차장으로 돌아올 때 편도만 이용할 수도 있다.

동측 매표소에서 가까운 헤라 신전은 다른 신전보다 비교적 높은 곳에 있다. 크기가 40m×17m인 신전은 현재는 도리아식 기둥 일부만 남기고 파괴되어 있다.

헤라 신전을 뒤로 하고 콘코르디아 신전으로 가는 길은 넓고 편안했다. 가는 길은 경내 차량이 다닐 수 있는 도로보다는 아직도 더위가 기승을 부리니, 편안하게 갈 수 있는 올리브 나무가 있는 널찍한 통로로 가는 것이 훨씬 운치가 있다. 이곳으로 가다 보면 돌로 만든 조각품 같은 자연의 예술품들이 발걸음을 느리게 한다.

콘코르디아 신전은 신전의 계곡에 남은 신전 중 가장 상태가 양호하게 보존되었다. 이유는 18세기부터 성당으로 사용했기 때문이라고 한다. 서양 종교는 배타적인 것 같다. 헤라 신전보다 조금 크고, 사진에서 보는 그리스 신전의 모습을 온전히 갖추고 있다.

콘코르디아 신전을 지나면 헤라클레스 신전이 나오는 데 역시 8개의 기둥과 기타 기둥의 잔해들만 남아서 세월을 담은 이야기로 현세 인에게 말을 건다. 그동안 어떤 일들이 있었는지 무슨 일들을 당했는지 이야기하고 싶어 한다.

조금 더 가면 제우스 신전이 나오는데 터만 남았어도 신전 중에 가장 큰 신전이었을 것으로 추정한다. 지상에 남은 것이라고는 누워있는 사람 형상의 텔라몬뿐이다. 양손을 귀 옆에 대고, 무엇인가를 떠받치고 있는 형상인데 기둥으로 쓰였다고 한다. 이렇게 여러 신전 중 유독 파손이 심한 이유는 지진으로 피해를 심각하게 입은 것과 석재 약탈 그리고 기독교의 이교도 건축물에 대한 방치 등 복합적인 요인이라 한다.

하지만 방치된 텔라몬을 보면 아직도 제우스의 위용이 느껴지는 듯하다.

걸어서 5분 거리에 카스트로와 폴룩스(간단히 Dioscuri) 신전이 있는데 사람들은 제우스 신전까지만 오고 되돌아간다. 아마 사전에 별 특이 사항이 없다는 것을 알고 온 듯하다. 신전 자체는 한쪽 귀퉁이의 기둥 부분만 남아 그마저 없었다면 무시했을 정도다. 거리도 멀지 않고 호기심이 나서 망설이는 아내는 그늘에 쉬게 하고 다가가 보았다.

남아 있는 것은 4개의 코린트식 기둥과 지붕 부분 그리고 기둥을 받치고 있는 기초 부분이 남았을 뿐 다른 구조물은 보이지 않는다. 다행히 신전 터는 남아 그 크기를 짐작할 수는 있는데, 다른 신전에 비해 규모는 크지 않다. 귀에 익숙하지 않은 이 신전은 쌍둥이 형제의 신전인데, 왜 이곳에 있을까 하는 의문이 들었으나, 항해와 전사의 수호자라니 수긍이 갔다.

되돌아가는 길은 힘들지 않았고, 휴식 겸, 정원이 아름다운 Casa Barbadoro에 들러 보려 했으나, 웬일인지 문이 닫혀 있다. 대신에 잘 가꾸어진 정원은 공개해 그곳을 산책하듯 둘러보았다.

정원은 깔끔하고 잘 정돈되어 있었고, 안목이 높은 이가 관리하는 듯 주로 선인장 종류와 강수량이 적은 곳에서 적응하는 라벤더, 올리브 등이 많다. 얼핏 정원 출입문 아치를 통해 콘코르디아 신전이 보이길래 카메라에 담았다.

콘코르디아 신전 앞에는 날개 달고 땅에 떨어진 이카루스의 청동상이 있는데 현세에 제작하여 설치한 것으로 보인다. 그래도 사람들이 관심을 보이고 사진을 찍는데 그보다는 더 앞쪽에 있는 오래된 올리브 나무에 더 관심이 갔다. 보호의 목적으로 둥글게 낮은 펜스를 설치했는데 수령이 500년은 넘을 거라는 추측이다.

아그리젠토를 떠나 20분 거리 해변에 있는 스칼라 데이 투르키(Scala dei Turchi)로 향했다. 그곳에 도착하여 큰길에 주차 후 절벽 아래 해변으로 내려갔으나 약간 실망했다. 왜냐하면 터키인의 계단이라 부르는 흰색 대리석 경사가 아름답기로 소문나 있는데, 늦은 시각 도착했기 때문에 물이 차 있어, 해변 쪽에서 접근이 어려웠다. 다만 서쪽에 해가 있어 역광임에도 흰색으로 빛이나, 그나마 다행이고, 멋진 해변과 카페가 보여 한결 마음이 평온해졌다. 카페에서 차라도 한잔 하려 했으나 벌써 오후 5시 30분이 넘었고, 오늘 숙소인 코를레오네(Corleone) 동네까지는 빨리 가도 2시간이 더 걸린다.

Cocktail Bar

급히 서둘러 숙소가 있는 코를레오네로 떠났다. 오늘 일정을 약간 무리하게 강행한 여파로 졸음이 밀려와 아내와 교대해 잠깐 눈을 붙였다. 눈을 떠보니 해는 이미 넘어간 뒤였고, 노을을 배경으로 언덕의 능선 따라 실루엣처럼 보이는 풍경은 멋진 저녁 시간의 선물이었다.

4.
영화 대부의 씨앗 코를레오네 Corleone

어제저녁 무렵부터 해가 진 후까지 코를레오네로 오는 길은 교통량은 많지 않았으나 험난했다. 시칠리아섬 내부 깊숙이 들어가는 것이라, 산을 넘거나 혹은 능선을 따라 도로가 나 있기 때문이다. 능선을 따라갈 때는 그나마 나은 편이지만, 산을 넘을 때는 예외 없이 구불거리는 헤어핀 도로를 마주해야 한다. 또 하나의 복병은 이곳 운전자의 운전 습관이다. 차가 안 보여 편안히 운전하고 싶어도 어느새 나타나 바짝 뒤에 붙여 압박한다. 습관이 되어 무시하려 하지만 여전히 신경이 쓰인다.

어제의 일이 어찌 되었든 아침은 대개 상쾌하다. 어젯밤에, 숙소에 도착하기 위해 내비게이션을 따라오다 보니 좁은 골목에다 생전 처음 보는 가파른 길을 올라와 자전거 렌트 점 앞에 주차했다. 골목은 좁아 사이드미러가 벽에 닿을 정도라 접고 올라왔고, 길의 가운데는 계단이고 양쪽 차바퀴가 닿는 부분은 경사로 처리했다.

코를레오네(Corleone) 시는 고도가 550~600미터 정도 되는데, 시의 이름이 재미있다. 대부에 나오는 가문 이름과 같은데, 대부의 작가 마리오 푸조(Mario Puzo)가 설정한 허구적인 것이다. 그 설정이 재미있는 것은 아버지 비토가 코를레오네에서 태어나 어릴 적 마피아에게 부모를 잃고, 미국으로 건너가 자신의 고향을 성으로 사용하는 것으로 설정했다. 그렇지만 실제로 마피아가 활동했고 일부 마피아 보스가 이곳 출신이었다는 것으로 보아 소설로 치부해, 허구라고 이야기하기는 딱히 아니다. 〈대부〉 영화의 프란시스 포드 코폴라(Francis Ford Coppola) 감독은 이것을 적절히 스토리화하여 명작을 만들어 내었다. 하지만 시칠리아 장면이 나오는 영화 촬영은 이곳이 아니고 사보카와 포르차 다그로 마을이다.

THE
GODFATHER'S
HOUSE
MUSEUM
CORLEONE
HOME MUSEUM

아침에 걸어서 반마피아 박물관과 대부 박물관에 들렀으나 오전 10시 이전이라 문을 열지 않아 기다릴 수 없어 입장하지 않았다. 박물관의 외관은 일반 가정집과 같은 것으로 미루어 개인이 본인 집을 이용한 것 같다.

사실 오늘 일정이 빡빡해서 사진으로 만족하고 박물관 앞에서 발길을 돌렸다. 오래된 산 정상 마을의 언덕진 골목을 산책하고, 모퉁이에 있는 빵집에 들러 빵과 잡화점에서 작은 크기의 복숭아도 사보았다.

그 잡화점에는 우리처럼 호박잎이 달린 호박 넝쿨을 식재료로 팔고 있어 신기했다. 우리는 여름철 된장찌개와 함께 먹던 추억이 있는데, 이들은 어떤 방법으로 먹는지 궁금했다. 골목길을 걷다 보니, 돌로 포장된, 오래된 길은 세월의 무게만큼 반질거리고, 그 옛날 마피아의 거물들이 환담을 나누었음직한 카페도 눈에 띈다. 시 자체가 언덕 지역이라 가리발디 광장과 팔코네 광장 사이에는 아침 시간이라 사람들이 분주하다.

차가 주차된 팔코네 광장에 도착하여 코를레오네 마을과 작별하고 세제스타(Segesta)로 향했다. 세제스타는 트로이인의 고대문화 유적이 남아 있는 곳으로, 시칠리아에서 아그리젠토의 유적과 함께 유네스코 세계문화유산으로 등재된 곳이다.

코를레오네에서 세제스타로 가는 길은 구글 내비게이션을 따라 가는 것이지만 코를레오네 갈 때처럼 구릉 지역과 완만한 언덕이 펼쳐져 있다. 멀리 보이는 산들은 구름 그늘을 안고 있고, 능선은 계곡과 언덕을 미끄러지듯 아래위로, 좌우로 출렁거린다. 이탈리아 중부의 구릉 지역 토스카나 지방의 자존심이 혼합된 발도르차와 견주어도 손색이 없는 전경들을 부담 없이 느낄 수 있었다.

사실 발도르차는 유명 지역이라 약간의 텃세 같은 것을 느꼈기에 거리감이 조금 있었던 것이 사실이다. 그것도 워낙 많은 사람들이 찾아와 일상에 지장이 있으니 당연한 것으로 생각을 다시 했다. 그러나 이곳 시칠리아 중서부 평원은 그에 못지않은 풍광을 가지고 있고, 자연환경이 토스카나보다 더 극적이다. 평평한 구릉인가 싶다가도 거대한 절벽과 자연 암석 기둥들이 멀리 갈아 놓은 밭 사이로 받쳐주고 있다. 이곳도 시월이라 추수가 끝나고 내년 봄을 위해 갈아 놓은 밭들은 경사지에서 황금빛으로 빛난다. 그러나 모든 것들이 새롭게 꿈꾸듯, 밭들과 경사진 언덕들은 마치 색색의 모자이크를 한 듯 한판의 틀이다. 너와 내가 무엇을 심어야 주변 환경과 경관이 아름답게 할 수 있을까에 대하여 서로 약속이나 한 것일까? 사람들은 실제로 잠을 잘 때 꿈꾸고, 또한 자신이 염원하는 것을 꿈이라고 이야기한다. 필자는 가끔 이런 환경에서 배회하는 꿈을 꾸고는 한다. 그런 꿈이 현실인지 의심해 본 적도 있었다. 차 안에서 바라보니 생떽쥐베리의 소설 어린 왕자에 나오는 모자 삽화처럼 생긴 산이 있어, 생떽쥐베리가 이곳에 왔다가 영감을 받았나? 하는 실없는 생각을 했다.

5.
트로이의 유산 세제스타 Segesta

풍경에 빠져 드라이브를 즐기면서 여정 끝에 세제스타에 도착했다. 빌라 로마나나, 발디 노토 치역의 도시들, 그리고 아그리젠토 등에서는 주차비 따로, 입장료 따로, 그리고 셔틀 비용 따로인 것에 대비, 이곳 주차는 무료에 입장료와 셔틀 비용은 옵션인데, 걸어서 가기에는 멀다. 셔틀버스는 늘 만원인데 입석도 마다치 않으니 빼곡히 싣고 버스는 떠난다. 5분 정도 셔틀을 타고서 하차하니 이곳이 높은 지대라서 그런지 바람이 세차게 불어, 모자 쓴 사람은 머리를 감싸거나 벗어서 손에 들고 다닌다.

원형극장을 가기 위해 셔틀버스를 타고 언덕 위에 내려 조금 더 위로 능선을 따라가면 원형극장이 보인다. 원형극장은 시라쿠사에 있는 것보다는 규모가 조금 작지만 극장 자체는 보존 상태가 좋아서 옛 모습 그대로다.

원형극장은 기원전 3세기경 건설된 것으로 추정하고, 약 3,000명을 수용할 수 있었으며, 지중해가 바라보이고 높은 언덕에 자리 잡고 있어 경치가 뛰어나지만, 이런 곳에 사람들이 오려면 힘들었을 것으로 생각했다. 인접해 있는 두 건축물을 보면 세제스타가 그리스와 카르타고 문화의 영향을 받은 듯하다. 또한 건설한 주체가 그리스인이 아니라, 그리스에 의해 멸망한 트로이인이라는 설이 있다. 시기는 불분명하다고 하며, 인근의 그리스인들이 세운 식민 도시들과 끝없이 마찰이 있었다고 한다.

그들은 그 옛날 무슨 목적으로 여기에 극장을 만들었는지, 궁금했다. 현재의 우리 삶에서도 먹고 사는 문제가 고달프면 문화라는 것은 한켠에 치워두고, 삶의 사치라고 여겼다. 고대에 이런 신전들을 계획하고 건설하려면 강력한 힘과 국민들의 집단적인 지지가 없었으면 불가능했을 것이다. 지금처럼 장비가 없었을 테니 건설 기간도 길었을 것이고, 정치적인 안정과 흔들리지 않는 리더십이 필요했을 것이다.

원형극장에서 셔틀을 타고 내려와 매표소에서 가까운 신전으로 가보았다. 신전 역시 아그리젠토에서 보았던 콘코르디아 신전처럼 보존 상태가 양호하고 지금도 계속 손상되지 않도록 관리하는 듯하다. 도리스 양식의 이 신전은 기원전 5세기경에 건설된 것으로 추정하며, 미완성 상태로 남아 있다. 주춧돌과 기둥은 세워졌으나 지붕을 덮지 못한 상태다. 이러한 미완성 이유는 정치적 불안정이나 전쟁 때문으로 추정하고 있다.

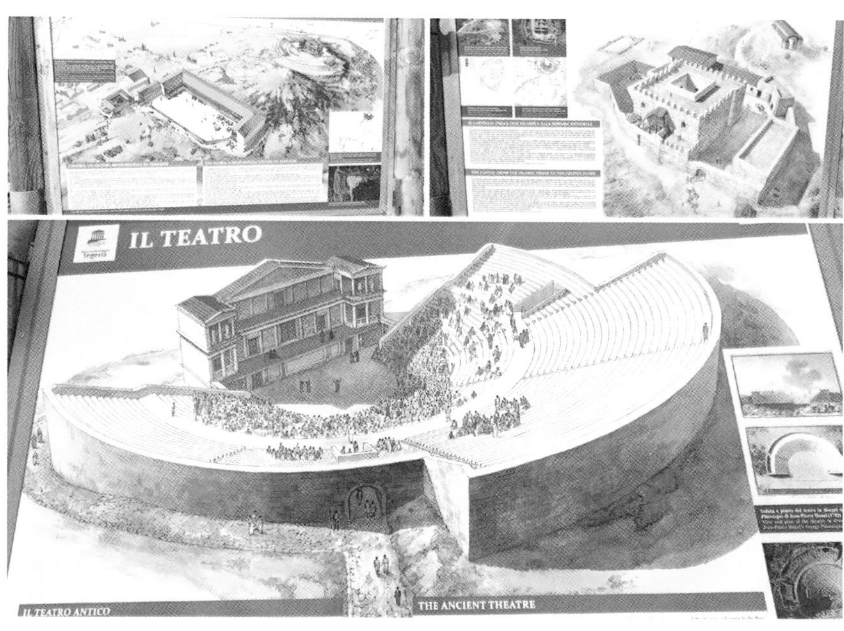
IL TEATRO
Segesta
IL TEATRO ANTICO
THE ANCIENT THEATRE

사진을 찍고 있는데, 프랑스에서 왔다는 중년 남성 한 분이 우리 부부의 사진을 찍어 주며, 신전에 대해 간단히 설명해 준다. 프랑스 인이 영어로 말하고, 한국인이 영어로 듣는 형태의 의사전달은 명확하지 않았지만, 이 신전이 귀중한 역사 유물이라는 것을 강조하면서, 기둥들의 받침돌을 가리키면서 설명한다. 자세히 받침돌을 보니 리프팅 러그(Lifting Lug: 중량물을 들거나 운반용으로 돌출된 부분)가 달려 있다. 이 러그는 무거운 돌을 운반할 때 밧줄을 걸거나 손잡이 역할을 하는 것으로, 건설이 끝났다면 떼어내고 면을 매끈하게 해야 하는 것이다. 이러한 지금도 중량물의 기계를 제작할 때도 지그를 붙여 제작하고 운반 시 이용했다가 설치가 완료되면 떼어내는 식이다. 이것으로 미루어 신전 건설 기간에 큰 변화가 있는 사건이 있었다는 것을 유추할 수 있단다.

관람을 끝내고 점심때가 되어 공원 내 입구에 있는 까페테리아에 앉아 한가하게 점심을 먹고 트라파니에 있는 숙소로 향했다. 코를네오네에서 이곳에 올 때와 마찬가지로 마음이 편안한 구릉과 높고 험한 산들이 교차로 나타나면서 마음이 편안한 여행의 멋을 즐겼다.

6
열정적인 비너스의 키스 에리체 Erice

트라파니 숙소에 체크인하고, 에리체로 가는 케이블카를 타기 위해, 서둘러 케이블카 승강장에 도착했으나, 출입구 문이 굳게 닫혀 있고 인적이 끊겨 있다. 이상하다는 생각에 주위를 둘러보니 한 중년의 남자가 이탈리아어로 무어라 말하는데 무슨 말인지 이해를 못 했다. 말투로 보아 운행을 안 한다는 것인데 필자의 표정을 보더니 어설픈 영어로 설명한다. 케이블카는 고장으로 수리 중이고 당분간 운행을 안 한다는 것이다. 언제 운행을 다시 하냐고 묻자, 빠르면 12월쯤 운행을 재개한다고 한다. 그는 덧붙여 차를 가지고 있으면 차로 올라가라고 조언한다. 운행을 중단한 지 1년도 더 되었다는 것인데 아마도 코로나 시절 중단한 이래로 가동은 안 하는 것으로 보인다. 시설은 볼 수 없으나 잠근 문이 녹슨 것으로 보아 운행을 안 한 지 꽤 되어 보인다.

사실 케이블카로 가려고 했던 것은 에리체가 시칠리아의 전망대로 불릴 만큼 전망 경관이 뛰어나고 특히나 케이블카를 이용하면

트라파니 앞 시가지와 지중해가 어우러진 경관을 더욱 즐길 수 있다. 또 하나는 승용차로 올라가는 길은 헤어핀 도로로, 구불구불하고 폭도 좁고, 경사도 심해 필자 같은 외지인은 운전이 쉽지 않아 서다. 어쨌든 우리는 차로 어렵게 에리체에 올라왔다.

역시 헤어핀 도로라 운전은 쉽지 않았다. 교통량이 제법 되는 것은 케이블카 운행 중단과 무관하지 않은 것 같다.

에리체 마을은 해발 750m 줄리아노 산(Monte Giuliano) 정상의 삼각형으로 생긴 지형에 있는 마을이다. 세제스타와 마찬가지로 트로이 전쟁 후 유민들이 도망쳐 만든 마을로 알려져 있다. 마을 이름도 당시 트로이의 왕자 파리스를 지원하던 여신 아프로디테의 아들 에릭스(Erix)에서 따온 것을 보면 어느 정도 신빙성은 있다. 마을은 독특한 지형 때문에 중세의 모습을 고스란히 간직하고 있으며, 이탈리아 로마 북쪽 라치오주 바뇨레조(Bagnoregio)에 있는 시비타(Civita)와 함께 천공의 마을로 알려져 있다.

오는 도중 운전은 어려웠지만, 차 안에서 보이는 절벽 아래의 경치는 마음을 편안하게 했다. 멀리 해안선이 보이고 지중해는 오후 태양 아래 반짝거렸다. 도착하여 주차하고 전망대와 고성으로 발길을 재촉했다. 그런데 이곳이 약 750미터 높은 곳이라 기온이 아래 지역과 다르게 추위를 느낄 만큼 낮았고, 바람 또한 거세게 불어왔다. 거기에 덤으로 구름이 몰려와 정상을 감싸기 시작하더니 도착 직후에는 보이던 것이 삽시간에 구름의 장막으로 휘감아 아래 전망은 보이지 않았다.

날씨 변화는 순식간에 비바람과 구름처럼 진눈깨비같이 수평으로 휘몰아쳐 눈 뜨기조차 어려웠다. 할 수 없이 일찍 포기하고 내려가기로 했다.

정상에서 중간 정도 내려오자 구름은 없어졌지만, 산 정상의 에리체 마을은 여전히 요동치고 있다. 내려오는 도중 멀리 북쪽에 거대한 흰색 바위산이 해안으로 쑥 들어와 돌출된 몬테 코파노(Monte Cofano) 봉우리가 구름에 싸인 멋진 광경이 있어, 세찬 바람 속에 차를 안전하게 주차하고 사진 촬영을 하였으나, 구름 때문에 선명하지 않은 아쉬움이 있다. 에리체 마을에서는 구름이 이리저리 몰려다녀 봉우리의 모습을 볼 엄두도 나지 않았었는데, 다행히 중턱에 잘 보이는 굴곡 포인트가 있어서 다행이었다.

일정을 마무리하면서 내일 에리체를 한 번 더 가서 아쉬움을 달랠 것인지 생각해 보아야 했다.

어제 에리체에서의 상황을 생각해 보면 여행의 질을 결정하는 것 중 날씨는 중요한 인자인 것만은 틀림없다. 어제 강풍에 구름마저 잔뜩 끼어 에리체에서 제대로 된 둘러보기를 못한 것이 못내 아쉬워 오늘 몬레알레 가는 길에 재차 도전해 보기로 했다. 그런데 시작부터 실수투성이다.

ERICE la Montagna del Signore the Mountain of God
A FRIENDLY WALK AROUND ERICE
S. Orsola
S. Antonio
Porta Spada
Porta Carmine
S. Maria della Grazia
Carmine
N.S. di Custonaci
S. Caterina
S. Teresa
S. Francesco di Paola
Auditorium San Domenico
S. Cataldo
Casa Santa Sales
Museo Cordici
S. Pietro
S. Giovanni
SS. Salvatore
Ruderi Monastero
S. Carlo
S. Isidoro
S. Alberto
S. Martino
Torretta Pepoli
S. Francesco d'Assisi
Torre di Re Federico
Real Duomo
Torri del Balio
Castello di Venere
Funivia
Porta Trapani Parcheggio
8
San Giuliano

에리체 주차장을 목표 지점으로 설정한다는 것이 딴생각하면서 조작했는지 세제스타로 잘못 설정되어 한참을 가다, 아내가 아무래도 이상하다고 해서 안전지대에 세우고 점검해 보았더니 역시 아내 말이 맞았다. 다시 설정하고 출발하니 애초에 25분이면 갈 수 있는 거리를 1시간 넘게 걸리고, 시간을 허비한 만큼 다른 일정도 영향을 받는다. 그런데 더 나쁜 것은 어제 나쁜 날씨 때문에 제대로 에리체를 체험 못 했는데 오늘 아침도 상황이 어제보다는 조금 나았지만, 선명한 경치를 볼 수 없었다. 우리에게 주어진 것이 그것뿐이겠거니 하고, 에리체 골목 투어로 아쉬움을 대신했다. 이곳의 유명한 마리아 할머니 과자점에서 과자를 사서 맛을 보기로 했다.

다음날에 밝혀질 일이지만 필자와 아내는 그것을 먹어보고 경악했다. 어째서 이런 맛이 유명한지 우리 둘만 이해 못 하는 듯하다. 마치 설탕을 녹여서 만든 것인지, 너무 달아 우리의 입맛에는 맞지 않아 먹기를 포기하고, 아깝지만 쓰레기통에 버리려다, 팔레르모 ZTL 인근의 공용 유료 주차장에서 주차 관리인 행세를 하는 사람에게 주어 버렸다. 혹시라도 단맛이 많이 나는 과자를 좋아하지 않는 사람은 참고해볼 일이다.

대성당으로 이동하여 광장에 들어가려고 하니 무슨 일인지 사람들이 제지한다. 알고 보니, 영화 촬영이라 하는데 무슨 영화인지는 모른다. 성당에 입장하려면 광장을 가로질러야 하는데 막아 놓았다. 손짓으로 종탑을 가리켰더니 길을 터준다. 티켓을 구매하고 종탑부터 올라갔다. 종탑은 그리 높지는 않았으나 좁고 경사가 급해서 올라가기 무척 불편했다.

PASTICCERIA MARIA
MUSTACCIOLI - AMARETTI -
QUARESIMALI - BOCCONCINI -
CONSERVA
FRUTTA MARTORANA
Le Routard 2021
Le Routard 2022
2017
Le Routard 2018
2019
Le Routard

입장료와 힘들게 올라온 것에 비해 보상은 적었다. 운무인지 안개인지 시야를 가린 셈이니 누구의 탓도 아니다. 종탑에 올라오지 않는 것이 정답인가? 하지만 악조건 중에도 사진 몇 개를 큰 기대 없이 찍었다.

날씨가 좋지 않아서 지중해로 뻗어 있는 트라파니시가 안개 속에 희미하게 보인다.

더구나 유명한 트라파니(Trapani)의 염전 방향은 안개와 바람 부는 날씨에 더해 통신 탑으로 인해 시야가 방해된다. 통신탑은 날씨와 관계없는 고정물이니, 종탑에 올라가는 것 자체를 권하고 싶지 않다. 종탑에서 내려오자, 종탑 앞 성당 광장에서 많은 사람들이 모여 영화 촬영 장면을 구경하고 있다.

성당은 왠지 방어용 요새 건물을 합성한 것 같은 외관이다. 오늘 일정이 늦을 것 같아, 서둘러 대성당 내부로 들어갔다. 성당은 시칠리아의 다른 지역의 바로크 양식이 아닌 고딕 양식이고, 내부는 아치 구조로 연결하여 반복적인 문양으로 장식되어 있고, 천정은 프레스코화 없이 역시 기하학적 문양으로 장식되어 있다. 14세기에 건설하였다는데 비잔틴의 영향을 받은 것 같다. 밖에서 본 장미창은 눈에 띌 만하지 않았지만, 안에서 본 장미창은 아름다워 순례자들의 시선을 빼앗는다. 외관에서 보듯이 애초에 이 성당은 방어 겸용으로 지어진 성당이라고 한다. 그래서 종탑도 성당 본관과 떨어진 독립 건물로 되어 있다. 종탑 입장권은 성당에서 판매한다.

오전 10시 반이 지나자, 단체 관광객들이 물밀듯이 몰려와 골목길은 세계 언어의 바다가 되어 버렸다. 그중 중국인이 최고다. 무엇을 촬영하려는지 대형 카메라부터 휴대폰까지 동원하여 계속 찍어댄다. 이런 경우로 보면 이탈리아 정부의 그리고 지방의 자치구에서 설정한 ZTL은 잘한 정책이다. ZTL 정책을 시행하여 무질서하게 들어오는 관광객들의 차량을 통제하면서 거주민과 관광객 모두 보호하고, 주변 상권까지 보호하게 된다.

에리체는 가을과 겨울에는 안개가 자주 끼고 변덕스럽고 바람이 세게 불기로 이름난 곳이라는 것을 당해 보고야 알았다. 이곳이 서쪽 해안에 붙어 있고 고도가 750미터나 되니 이해가 된다. 이런 안개나 구름을 비너스의 키스라고 부른다는데 멀리서 온 이방인에게 감당할 수 없이 강한 키스를 퍼붓는 것은 무슨 의미일까? 혹시 또 오라는 것인가? 오늘 이곳으로 올 때 멀리서 에리체 마을을 보니 회색의 둥근 모자 혹은 피자 도우처럼 생긴 구름이 정상 위에 떠 있었다. 오늘 역시 바람이 세차게 불어 휴대폰 카메라마저 흔들거리고 전망 좋은 절벽 위에서는 몸 가누기가 힘들었다.

날씨가 점점 나빠지고 비마저 내릴 기세라서, 에리체 마을에서 내려와 몬레알레로 향했다. 내려오는 길은 더 가파르고 좁고 구불거리는 헤어핀 정도가 심해, 지난 두 번의 경로보다도 더 운전하기 불편했다. 하지만 다행인 것은 차들이 많이 다니지 않아 결국 어제보다 조금 편안하게 내려왔다. 시야가 좋지 않고 바람과 비가 내려 교통량이 적어진 것 같다.

몬레알레로 가는 도중 경로를 바꾸어 팔레르모의 숙소에 먼저 체크인하고, 일정을 변경하여 몬레알레는 내일 아침에 가기로 했다. 이유는 일기가 좋지 않아, 구름이 끼고 안개가 많아 몬레알레 성당과 루프탑 수도원 등은, 이런 날씨에 가면 한계가 있을 것 같다. 에리체에서 팔레르모 숙소까지는 약 110km로 필자의 운전 실력으로는 2시간 정도 걸리고 팔레르모에서 몬레알레까지는 10km로 약 15분 걸리므로 내일 일정으로 미뤄도 괜찮을 것 같다.

경로를 변경했으므로 체크인하겠다고 통보한 시각보다 30분 정도 일찍 숙소에 도착했더니 비밀번호를 입력해도 문이 열리지 않았다. 좀 더 기다려 시간이 지나자 열린다. 편리한 세상이다.

7.
시간을 숨겨놓은 왕의 산 몬레알레 Monreale

몬레알레는 팔레르모 숙소에서 15km 남동 방향 내륙에 있어 구글에서는 승용차로 20분 소요된다고 알려준다. 고도가 약 300m인 산악 지역에 있는 이곳을 이방인이 가려면 두 배 이상 걸린다고 예상해야 한다. 아침에 하늘을 보니, 맑아 있고 시야도 탁 트여 보인다. 어제 방문하게 되어 있는 일정을, 비가 오고 시야가 좋지 않은 날씨라 변경한 것은 잘한 결정으로 보인다.

편안하게 몬레알레 관광을 하려면, 몬레알레 대성당 입장 가능 시각인 오전 9시에 도착해야 한다고 막연히 생각했었다. 그 시간이 지나면 단체 관광객들이 물밀듯 들어와 제대로 된 감상이나 사진 찍기가 불편할 수 있다. 계획은 9시 직전에 도착하여 많은 수의 단체팀과 부딪히지 않고 여유롭게 관람하는 것이었으나, 어젯밤 아내가 배앓이하는 바람에 출발이 늦어졌다. 하지만 상쾌한 기분으로 구불구불한 몬레알레 길을 따라 어렵게 운전한 끝에 주차장에 도착했다.

10시가 넘은 시각이라 예상대로 입구부터 대형 버스들이 줄지어 늘어서 있다. 계단을 거쳐 대성당 앞에 도착하니 사람들로 혼잡

스러웠다. 다행인 것은 밀라노나 피렌체처럼 입장하는 사람들을 인위적으로 통제하거나 제한하지 않아 수월하게 입장할 수 있다. 주차장에서 성당까지 10여 분간 올라가는 길은 고도 차이가 있어 계단 길과 성당에 이르는 길이 제법 되는데, 길 양편에는 스카프, 액세서리 등 기념품 가게들과 노점상들이 즐비하고, 성당 마당까지 가득 들어차 있다. 특이한 것은 스카프를 파는 곳이 유난히 많다는 것인데, 왜 그런지 궁금했다. 이슬람 문화 영향인가 생각해 보았다.

성당 광장에 도착하니, 우려했던 것보다는 붐비지 않았지만, 어디선가 그리운 한국인의 말소리도 들린다. 인솔자의 설명 소리인데 단체 관광객인가 보다. 이런 곳에 한국인의 패키지는 흔치 않지만, 예전과는 많이 달라졌다. 자료에 따르면 성당 내부에는 조명이 없어 내부 감상을 하려면 10~15시 사이를 권장한다. 아마 그 시간에 맞추려고 몰려오는 것 같다.

Coca-Cola

인당 13유로의 입장료를 지불하고 성당 내부와 루프탑 테라스, 박물관, 그리고 수도원 중정인 베네데티니 회랑(Chiostro dei Beneditti-ni)을 입장할 수 있는 통합 입장권을 구입했다.

이 성당은 로마 가톨릭 대성당으로 1174년에 시칠리아 왕국의 윌리엄 2세(William II)에 의해 건설이 시작되었으며, 1182년에 완성되었다고 한다. 당시 시칠리아는 노르만족의 지배 아래 있었으며, 윌리엄 2세는 대성당을 자신의 권위와 왕국의 번영을 과시하는 용도와, 그와 그의 후손들이 묻힐 장소로도 계획되었다고 한다. 또한 더운 팔레르노 날씨를 피해 고도가 높은 이곳에 휴양지를 건설하여 장기간 머물렀다고 한다. 몬레알레란 지명도 '왕의 산(Monte Reala)'이란 뜻에서 유래했다고 한다

둥근 아치형 창문과 기둥이 있는 대성당의 외관은 3개의 아치 입구와 이를 중심으로 좌우에 두 개의 탑이 보인다. 노르만 로마네스크 양식으로 비교적 단순하고 소박한 느낌을 주지만, 아랍 양식의 영향을 받은 벽면과 창문 장식도 볼 수 있다. 성당 앞 광장은 대칭 구조의 정원이 조성되어 있다.

성당 내부에 들어서자, 숨이 멎을 듯 화려하고 정교한 금빛 문양의 비잔틴 모자이크가 내뿜는 기에 주눅이 드는 듯하다. 제일 먼저 정면 중앙 제단 상부에 푸른빛과 갈색의 의상으로 표현된 그리스도의 전능상(Pantokrator) 모자이크가 눈에 들어온다.

주변이 금빛으로 둘러싸인 그리스도상은 오른손을 들어 축복하는 모습으로 그려져 있으며, 왼손에는 성경책을 들고 있다. 그 주위에는 구약과 신약의 장면들이 정교하게 표현되어 있다. 압도하던 화려한 장식들과 달리 예수님상은 어디서 익숙한 모습으로 얼핏 보아 어서 오라는 환영의 몸동작처럼 보인다.

내부 공간은 중앙 화랑과 좌우 회랑의 삼랑식 구조인데 천장 목재 보의 강도상 한계를 고려한 것으로 보인다. 전체는 매우 화려하고 웅장한데, 특히 모자이크로 장식하여 압도적이다. 약 6,000㎡ 이상의 모자이크로 장식 작업하는 데 약 10년이 소요되었다고 한다. 대성당의 모자이크는 비잔틴 양식의 대표적인 예로, 금박을 입힌 유리 모자이크가 천장과 벽 전체를 덮고 있다. 매우 놀랍고, 이것을 계획하고 실현한 장인들과 예술가들의 원대한 시야와 정교한 손재주 등에 경외감을 느낀다. 이 모자이크는 성경의 이야기를 묘사하고 있다고 하는데 성경 내용을 제대로 알지 못하는 필자는 구별할 수 없다.

중앙 회랑을 중심으로, 로마네스크 양식의 아치를 원기둥으로 연결한 회랑의 내벽 쪽은 구약의 내용을 외벽 쪽은 신약의 내용을 모자이크로 표현하였다고 한다. 중앙 제단과 그 주변은 로마네스크와 비잔틴의 요소가 섞여 있어, 대성당 전체의 예술적 정수를 잘 보여준다.

SCS
CLEMENS
SCS
SILVESTER

중앙 회랑의 천장 구조 또한 특이하다. 이탈리아 여행 중에 아말피의 성당에서 같은 구조를 본 기억이 있다. 사진에서 좌측 위 사진이 아말피 성당(Cathedral of St Andrew Apostle)의 천장 목재 트러스 구조이고 아래가 몬레알레 성당인데 화려한 장식에서는 많은 차이가 난다.

다른 성당들은 아치형 지지 구조를 갖는 둥근 돔에 프레스코나 모자이크로 장식하는 것이 일반적인데, 나무로 된 보를 가로지르고 삼각형으로 트러스 구조를 하고 있다. 거기에 갈색으로 입히고 금박을 하여 중앙 제단의 황금색과 잘 어울렸다.

성당의 좌측 안쪽 공간에는 다양한 문양의 바닥 모자이크가 있다. 여행 관련 책자에는 나오지 않지만, 성당에 들어가면 꼭 보고 올 것을 권한다. 모자이크는 화려한 꽃 모양이 많은데 마치 성당 안에 화려한 꽃이 피어 있는 정원 기분이 들게 한다. 사계절 예쁜 꽃들을 볼 수 있는 것은 의미가 있다. 더 특이한 것은 구역별로, 무늬별로 설명해 놓았다.

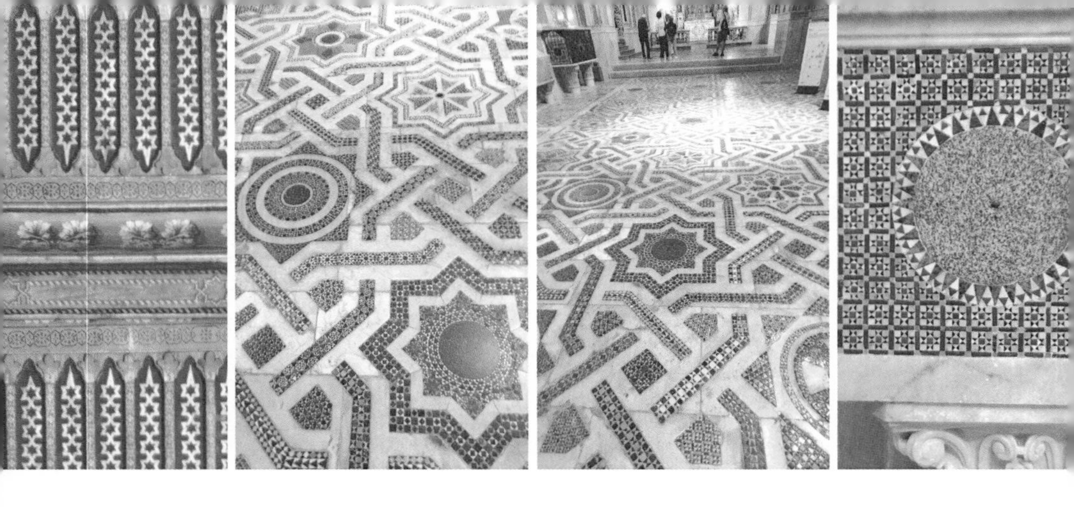

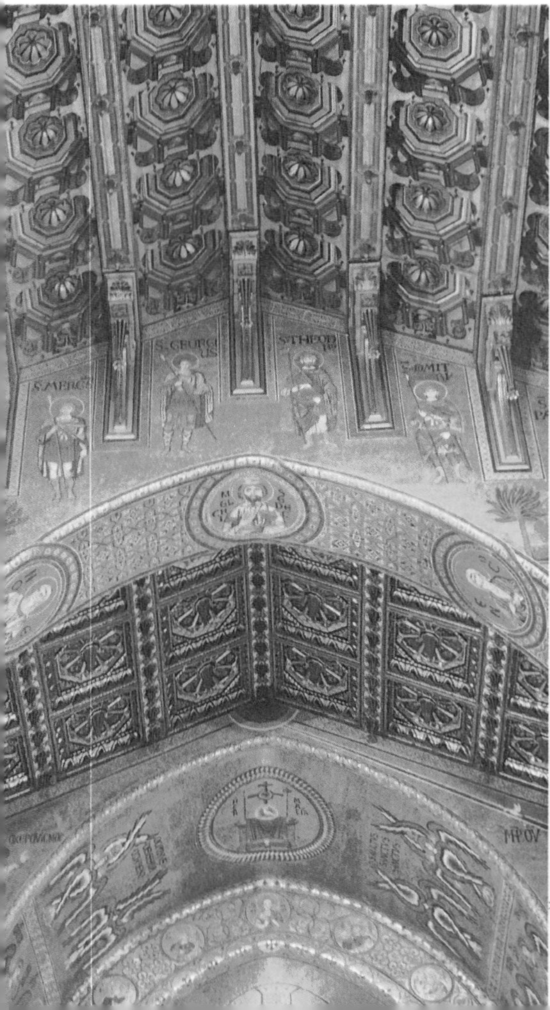
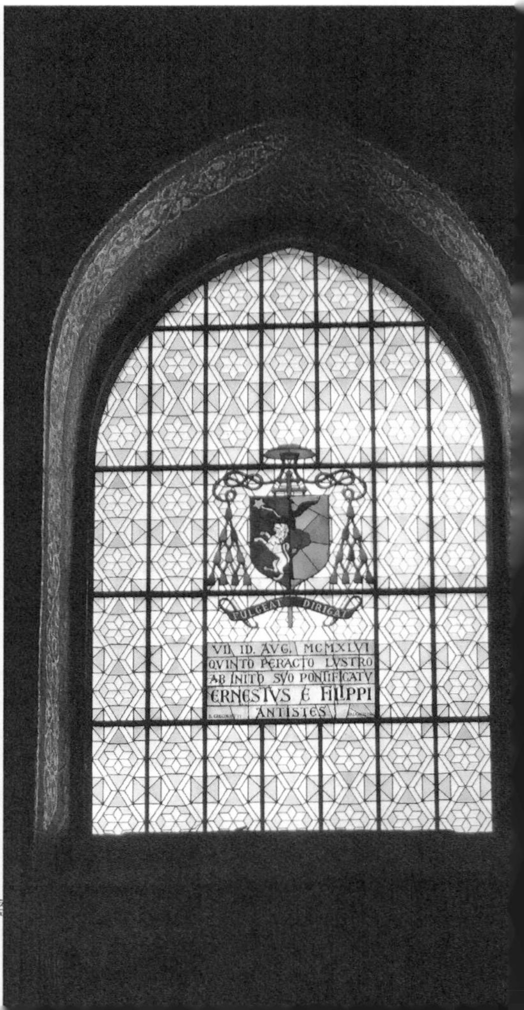
FULGEAT DIRIGAT
VII ID. AVG. MCMXLVI
QVINTO PERACTO LVSTRO
AB INITIO SVO PONTIFICATV
ERNESTVS E FILIPPI
ANTISTES

루프 테라스로 가는 통로 옆으로 박물관이 배치되어 있어 자연스럽게 쉬면서 둘러볼 수 있도록 한 것이 특이하다. 피렌체와 밀라노 대성당의 경우는 성당과 별개의 건물에 있어 다시 출입해야 하는 번거로움이 있었던 것으로 기억한다.

박물관에는 자세한 것들을 이해하기 어려웠지만 보석과 TV의 영화나, 뉴스에서 보았던 의복과 머리에 쓰는 것들을 유리 케이스에 보관, 전시하고 있다. 그런데 그 의복과 장신구들의 화려함을 보자니 종교란 어떤 것인가? 하는 생각이 든다. 사실 이곳 여행지에서 성당과 관련한 주제를 많이 다루다 보니 그런 생각이 들기는 하지만 워낙 전통적으로 기독교가 전부인 나라니까, 이해해 준다. 당연한 이야기이지만 이곳 중세 시대에는 문화, 정치, 과학, 예술 모든 분야의 역량이 교회와 성당에만 집중되었기 때문에 성당을 빼면 빈 껍데기라 말해도 지나친 말이 아니다. 다소 어두운 면이 있기는 하지만 관광객으로서 그것까지 알 필요는 없을 것 같다.

박물관에서 나오면 테라스로 가는 좁은 통로가 나오고 뭔가 심상치 않은 일이 벌어질 것만 같은 예감이 든다. 좁은 통로를 따라 밖으로 나오니 수도원 안뜰 정원이 한눈에 들어온다. 바로 베네데티니 중정(Benedettini Chistro)이다.

사각형의 정원은 4면에 긴 회랑이 있고, 회랑을 구성하는 228개의 쌍을 이루는 대리석 기둥이 둘러싸고 있는데 이 대리석에는 독특한 문양들이 서로 다르게 상감되어 있다. 이를 자세히 보려면 성당 밖으로 나와 성당 정문을 바라보고 오른쪽으로 돌아가 베네데티니 회랑에 입장해야 한다. 우선 루프탑 테라스를 거친 후에 성당 밖으로 나가서 입장해야 한다.

루프탑 테라스에서는 몬레알레의 주변 구시가와 팔레르모의 전경이 한눈에 보인다. 파란 하늘과 함께 분홍색의 지붕들은 그들의 어쩔 수 없는 선택이었겠지만 어쩌면 이렇게 잘 어울릴 수 있는지 벌어진 입이 부끄럽다.

루프탑에서 내려오는 좁은 통로에 오면 성당 앞 광장이 한눈에 보인다. 역시 이런 기회가 있기 때문에 입장료가 아까운 생각은 들지 않는다.

이 대성당은 2015년에 팔레르모의 아라비아-노르만 건축과 대성당 성지로서 유네스코 세계문화유산에 등재되었다.

대성당을 나와 베네데티니 수도원으로 향했다. 아직 9월이라 기온이 상승하여 조금씩 더워지기 시작했지만, 워낙 건조하여 바람이 조금만 불어도 시원하다. 정사각형에 가까운 중정은 루프탑에서 보던 것보다 넓었으며 총 228개의 화려한 문양의 쌍둥이 기둥이 사각형의 회랑을 이루고 있다. 자연히 방문객들은 회랑을 따라 기둥을 감상하거나 휴식을 취하고 있다. 우리도 성당과 루프탑을 거치면서 피곤한 심신을 회랑 내에 걸터앉아 잠시 휴식을 취했다.

중정 내부는 돌아볼수록 감탄사의 연발이고, 기억만으로 부족하여 사진으로 남기려고 했으나, 사진 기술이 모자라 물량으로 승부하려고 많은 사진을 찍었다.

228개의 쌍둥이 기둥의 개념도 기발하지만 각각의 기둥에 있는 문양 또한 다양하여 벌린 입을 다물 수가 없다. 어떤 것은 기둥에 상감했고, 어떤 것은 모자이크로 세밀하게 기하학적 패턴 무늬를 넣었다. 배치 또한 다양하게 수직 무늬, 나선형 무늬 등 상상력을 최대로 끌어올리는 환경을 만들었다. 여기서 느낀 것은 여행은 고생스러운 과정을 필수적으로 겪어야 하지만 그럼에도 불구하고 왜 가야 하는지 이해할 수 있다.

각각의 기둥머리 디자인도 다양하여 이것을 모두 탐방하는데도 반나절은 족히 걸릴 것 같다. 일부는 성서 내용이거나 천사들의 모습 동물들의 모양을 다양하게 조각하여 장식하였다.

중정에서 나와 성당 광장으로 나오니 광장의 풍경은 우리가 중정에서 시간을 여유 있게 보냈는지 약간 한가한 모습이다. 패키지 단체 여행객들이 서둘러 방문하고 한꺼번에 다음 여행지로 떠났나 보다.

주변의 상인들도 영업 피크타임이 지났다는 듯이 도착했을 때와는 달리 호객을 하지 않는다. 우리는 기왕 이곳에 온 김에 골목길들을 더 둘러보기로 했다. 여행 관련 자료를 보고 블로그를 보면 성당 외에는 볼 것이 없다고 딱 잘라 정보를 제공한다. 하지만 그 말에 더 호기심이 나서 중세풍의 골목길을 둘러보았다. 후미진 골목에서 흥미로운 것이 눈에 띄기도 한다. 예전에 물을 공급하던 수도꼭지를 이제는 막아놓은 것으로 이곳 사람들의 생각을 엿볼 수 있다. 베란다에 줄을 매어 빨래를 널어놓는 모습은 흔히 볼 수 있다.

8.
아름다운 관용의 도시 팔레르모 Palemo

몬레알레를 뒤로하고 팔레르모 구시가 중심지로 차를 몰았다.

낯선 땅에서 운전은 늘 부담스럽지만, 이곳도 그런 예에서 벗어나지는 않는다. 늘 긴장의 끈을 놓아서는 안 된다. 공인된 유료 주차장에 주차하고 나면 비로소 차와 관련한 긴장을 놓을 수 있게 된다.

팔레르모에 도착하여 ZTL 구역 밖에 주차하고, 중심가까지는 걸어서 약 5분 걸린다. 주차하는 과정에서 분명히 무인으로 운영하고 널찍한 주차장으로 보이는데, 주차 관리 요원인 척하면서 빈자리를 알려 주고 주차할 때 수신호를 해 주는 등 과잉 친절을 베푼다. 우리는 주차 요원으로 착각했었다. 나중에 추측으로 안 일이지만 약간의 팁을 생각하고 그곳에서 친절을 베푸는 사람이다. 한쪽 구석에서 마른 빵을 먹고 있어서 알게 되었는데, 우리가 버리려다 가지고 있는 에리체 마리아 할머니의 단 과자를 몽땅 주었다. 감사하다는 말과 함께 냉큼 받아 간다. 주차장은 마퀘다(Maqueda)가 북쪽 마시모(Massimo) 극장에서 3분이 안 걸리는 가까운 거리에 있다.

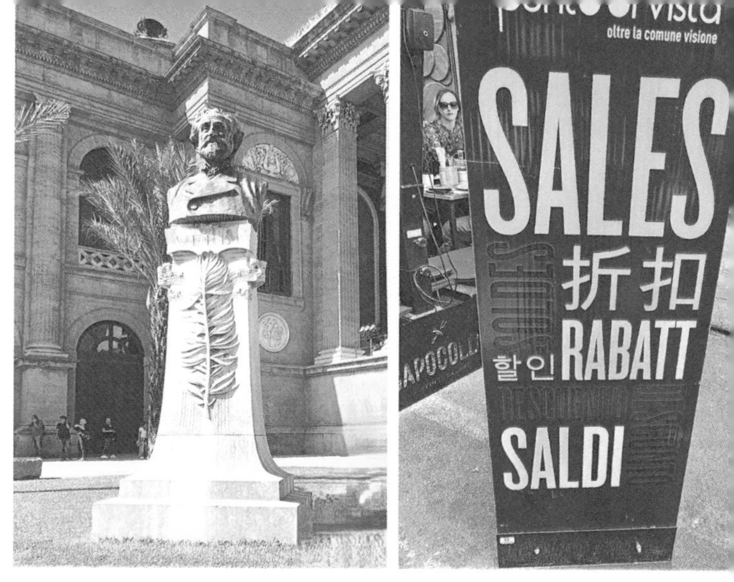
oltre la comune visione
SALES
折扣
할인 RABATT
SALDI

팔레르모는 나폴리로 옮기기 전까지 시칠리아 왕국의 수도였으며, 시칠리아의 다른 도시가 그리스인 혹은 트로이인이 건설한 것과는 달리 페니키아인들이 건설한 것으로 알려져 있다. 로마와 카르타고, 이슬람, 노르만 등 굵직한 세력뿐 아니라 수많은 세력의 지배를 받으면서, 오늘날의 팔레르모는 찬란한 여러 문화의 꽃을 피워 인근의 몬레알레, 체팔루와 함께 여러 성당이 유네스코 세계문화유산으로 등재되어 있다. 종교의 입장을 떠나서 이곳 여행에서 성당을 빼놓을 수 없는 이유 중 하나이다.

팔레르모 여행의 출발점은 구시가 중심지인 콰트로 칸티(Quattro Canti)인데 비토리오 엠마누엘레(Vittorio Emanuele)가와 마퀘다(Maqueda)가의 교차 위치에 있다. 우리가 주차 후 들렀던 마시모 극장에서 차 없는 거리인 마퀘다 거리를 천천히 걸어도 5분이면 도착한다.

콰트로 칸티(Quattro Canti)의 의미는 4개의 모서리란 뜻으로 사거리의 코너 지점에 생김새가 똑같은 건물이 들어서 있다. 각 건물은 3개 층으로 되어 있고 1층에는 사계절 여신, 2층에는 시칠리아를 지배했던 왕, 3층에는 시칠리아 출신 성녀들의 조각을 건물마다 배치하였다.

punto di vista
SALES
折扣
할인 RABATT
FUSTO

각 건물은 맞은 편과 대칭 구조이고 마치 성당의 전면 구조물처럼 보이기도 한다. 4개의 건물이 모두 보이는 사진은 파노라마 기능으로 촬영한 것이다.

일부 자료에는 이곳에 프레토리아 분수(Fontana Pretoria)가 있다고 하는데 콰트로 칸티에서 남쪽으로 1~2분 걸어가야 광장의 중앙에 분수가 보인다. 분수는 생각보다 규모가 크고 16세기에 피렌체 출신의 조각가인 프란체스코 카밀리아니(Francesco Camiliani)의 작품이다. 여러 조각상은 올림푸스 12신과 기타 신화 속의 인물, 동물들이며 인물의 경우 모두 나체이다. 프레토리아 분수 광장은 성당으로 둘러싸여 있는데 16세기 당시 이곳으로 성직자들의 출입이 빈번했던 곳으로 수치의 분수라는 별칭이 있다고 한다.

분수는 고정형 철제 펜스로 보호하고 있기 때문에 전체를 철제 울타리 없이 촬영하기는 어렵다. 위의 사진에서 큐폴라가 아름다운 성당은 산 주세페(San Giuseppe dei Padri Teatini)이고 아래 사진에 오른쪽 공사용 천으로 가려진 것이 산타 카테리나(Monastero di Santa Caterina) 성당이다.

지도는 분수를 중심으로 4개의 성당과 콰트로 칸티의 위치 표시이다.

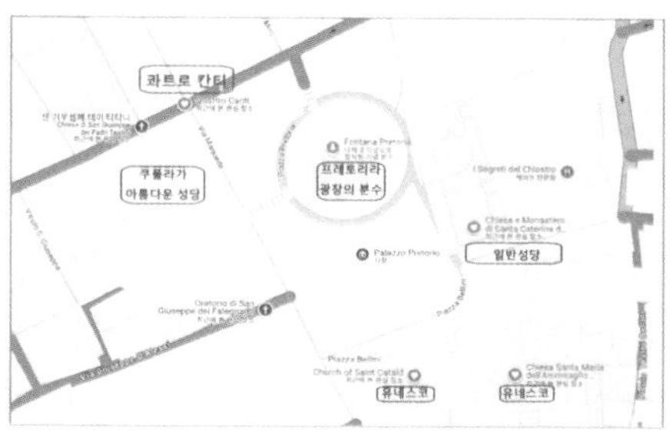

팔레르모에는 유네스코 세계문화유산에 등재된 성당이 4곳이다. 대성당(Catedralle), 라 마르토라나(S. Maria dell'Ammiraglio), 산 카탈도(San Cataldo), 산 지오바니 델리 에레미티(San Giovanni degli Eremiti) 등이다.

일부 관광객들은 위의 유네스코 등재 성당들보다는 인근의 인접한 성당의 루프탑을 선호한다. 이유는 그곳에서 위 성당의 모습을 잘 볼 수 있거나 다른 장점이 있기 때문이다. 물론 시간과 체력이 넉넉하여 다 둘러보면 좋다.

공사 중임에도 불구하고 우리는 카테리나 성당과 테라스, 수도원까지 입장 할 수 있는 티켓을 구입하여 입장했다. 성당 내부에서 먼저 보이는 것은 은빛의 빈틈없는 대리석 조각의 장식품과 천장의 프레스코화다. 내부 구조는 삼랑식인데 시칠리아의 많은 성당의 보편화된 구조이다. 아마도 보의 길이를 짧게 하여 지진이 잦은 이곳에서 구조적 안정을 확보하려는 것으로 보인다. 중앙 회랑과 좌우 회랑을 연결하는 아치와 기둥에는 빼곡하게 대리석 조각과 회반죽으로 성형한 장식으로 빈틈이 없다. 나를 포함하여 성당 내부에 있는 사람들은 화려한 내부의 장식과 천장의 프레스코화를 보면서 모두 벌린 입을 다물 줄 모른다.

아마도 예술적인 가치보다는 화려한 아름다움과 장인들의 솜씨에 넋이 빠진 듯하다. 물론 필자도 마찬가지다. 하염없이 바라보다 사진을 찍으려다 어디를 어떻게 찍어야 할지 난감하다.

내부를 떠나 테라스로 향했다. 이곳 테라스에서는 프레토리아 분수를 온전히 내려다볼 수 있으나 공사용 천으로 막아 놓아 일부만 보이지만 실망할 일만은 아니다. 또한 라 마르토라나 성당과 모스크처럼 생긴 붉은색 돔이 눈에 띄는 산 카탈도 성당도 보인다.

테라스에 올라오면 먼저 수도원의 중정이 보이고, 중정의 중앙에는 분수와 성인으로 추정되는 동상이 있다. 오후 늦은 시간이라 사방이 막힌 중정의 사진은 빛 때문에 어려움이 있었다.

테라스 자체가 높지 않아서 구시가의 모습이 한눈에 보이는 것은 아니지만 지중해 방향의 시내 전경은 평온한 풍경을 선사하고, 멋진 성당들의 큐폴라와 옅은 안개로 실루엣 같은 배경에 나오는 균형의 기가 듬뿍 느껴졌다.

테라스에 올라와 신기한 경험을 많이 하였다. 성당의 지붕 내부 구조를 처음 보았다. 반원형의 외부 천장은 진흙으로 덮고, 그 위는 목재 트러스 구조로 지붕을 떠받치고 있다. 또 하나는 수녀들의 생활 공간인 기도실 등을 공개하여 처음 경험해 보았다. 단 사진 촬영은 허용하지 않았다. 마지막으로 성당의 제대 뒤쪽에서 성당을 바라보기는 처음이다.

reale e
torio astronomico
Chiesa di San Giuseppe dei Teatini
Chiesa del Santissimo Salvatore
Cattedrale di Palermo
Teatro Mon

오늘은 계획했던 모든 투어를 차질 없이 했으나 몸의 고단함이 함께하고, 무엇보다 다리와 어깨가 아팠다. 주차장으로 오는 길에 한국인 부부 자유 여행자를 만나, 한동안 서로가 여행 중에 있었던 일들을 주제로 대화하고, 한국말 하기 갈증을 풀었다.

팔레르모 둘째 날

우리가 사는 일상에서도 마찬가지이지만 앞으로의 일을 알 수 없는 것과 모든 것이 결정되는 순간이 과거가 되어야 결과를 알 수 있다. 여행이 우리 일상과 다른 것은 익숙하지 않은 환경에서 이런 것들과 직면해야 한다는 것에서 집에 있을 때보다 몇 배 힘들다. 다양한 숙소의 형태를 일상사로 받아들이면서 여행한다는 것은 힘들 수도 있다. 그것도 장기간 한다는 것은 속된 말로 '무언가에 씌어야' 한다. 그래서 대부분 사람이 여행은 힘들다고 말한다. 그럼에도 불구하고 여행을 로망으로 여는 것은 어쩌면 이율배반이다. 그것은 아마 인간의 유전자 중 새로운 것이나 낯선 것에 대한 호기심을 갖는 유전자가 있지 않나 생각해 본다. 이것이 인류 문화 발달에 기여한 여러 인자 중 하나가 아닐지 생각해 보았다.

팔레르모에서 4일 머물고 나서 나폴리로 가기로 되어 있다. 나폴리로 갈 때 밤에 출발하여 아침에 나폴리 포구에 도착하는 것이라, 실제로는 4일간의 일정이지만 몬레알레에서 하루를 보냈으니 3일 일정인 셈이다. 숙소는 모든 것이 갖추어져 있고 앞마당인 주차 공간은 넓고 깨끗하며 자바라 식의 자동문으로 출입하니 편리하다.

오랜만에 차를 숙소에 두고 이곳 택시 콜 앱을 써서 택시를 불러서 구시가 중심가로 가보기로 했다. 우버 앱을 이용하면 자동으로 지역의 택시 콜 앱과 연계되어 차를 부를 수 있고 결제도 기존 우버 앱에 등록된 카드로 자동 결제된다. 생각한 것보다 간단한데 의외로 요금이 다른 물가 대비 비싼 편이다.

노르만 궁전에 입장하기 위해 일찍 서둘렀으나 우리가 도착한 시각에 이미 단체 관광객들의 대형 버스가 줄지어 늘어서 있고 입구 앞에는 많은 사람이 서서 차례를 기다리고 있다.

서둘러 매표소로 갔는데, 웬일인지 많지 않은 사람들이 줄을 서서 기다리고 있었다. 나중에 깨달은 것이지만, 매표소의 문제가 아니다. 단체 관광객이니 표는 이미 가이드가 확보했으니, 매표소에 많은 사람이 있을 리 없고 내부에 들어가 관람실 앞에 줄을 오래 서야 한다. 우리는 관람객이 적은 방들을 먼저 관람했다. 가이드가 없으니 홀가분하게 다닐 수 있어서 좋았다. 현재 궁전은 시칠리아의 주 의회 건물로 사용하고 있고 일부 공간만 관람이 가능하다. 매표소 앞 건물은 로마네스크 양식의 견고해 보이는 사각형 건물로 궁전 모습과는 거리가 있다. 필자가 안목이 없어서인지, 노르만 궁전은 예술적 가치가 있는 것인지 아닌지 구별할 수 없다. 다만 지난날 여행 중에도 궁전 투어를 하게 되면 돋보이는 것이 몇 가지 있는데, 소품, 장신구, 등과 정원이다. 이곳도 소품 장신구들은 독특한 것들이 보이고 장인들의 솜씨가 보인다. 당시 궁전 주인의 생활 공간은 3층으로, 천정이 높고 화려한 비잔틴 양식의 모자이크로 가득한데 노르만 혈통의 군주가 왜 이런 것을 허용했는지 궁금하다.

€.3,00
2x€5,00

하지만 이곳은 팔레르모 도시의 역사적 배경을 보면 당연한지도 모른다. 박물관은 왕족들이 사용하던 물건 일부와 예배실, 숙소 등과 보잘것없는 정원과 영상 등이 전부인데 입장료 22유로는 과하다고 생각했다. 거기에 안내마저 부실해 관람객이 우왕좌왕하여 불만이 생기는 것을 생각하면, 이곳에 온 것을 탐탁하게 생각지 않는다. 그리고 자유 여행자라면 오후에 방문할 것을 권한다. 필자가 방문한 시간은 단체 관광객들이 몰려오는 피크 시간대여서 불필요한 시간 낭비가 있었다.

노르만 궁전을 뒤로 하고 지도상으로는 노르만 궁전에 바로 붙어 있는 것으로 보이는 산 지오바니 델리 헤르미티 성당과 주세페 까파소 성당으로 발걸음을 옮겼다. 바로 옆인 것 같지만 높이 차이가 있어 둘러서 가야 한다. 산 지오바니 성당은 유네스코 세계문화유산 등재 성당이다. 마찬가지로 이 중에 산 지오바니 성당은 가지 않고 인접한 주세페 성당과 종탑에 올라갔다. 종탑에서 바라보니, 산 지오바니 성당의 정원, 수도원, 그리고 돔이 한눈에 보인다.

종탑에서는 멀리 대성당의 큐폴라가 보이고 팔레르모 구시가가 옹기종기 보인다. 가까이에는 붉은빛이 도는 적갈색의 돔이 있는 성요한 성당이 고스란히 보이고 성당 중정도 내려다보인다. 이 종탑을 올라갈 때 계단이 좁고 가팔라서 주의해야 한다. 그래서 입장료를 내면 머리 보호용 헬멧을 준다. 멋진 경치를 좋아한다면 이곳을 적극 추천한다.

주세페 성당에 가기 전에 포르타 누에바(Porta Nueva)에 들렀는데 일종의 성문으로 팔레르모 구시가에 출입하는 관문이다. 성은 뾰족하고 각진 고깔 모양으로 생겼는데, 이것도 기존 유럽의 성문과 모양이 다르다. 필자는 성문 외벽에 있는 부조를 보고 놀랐다. 부조는 전통적인 로마, 그리스 노르만의 모습이 아닌 터번을 두르고 수염을 기른 상반신 모습이다. 얼마나 이슬람의 영향이 큰지 짐작하게 한다. 안으로 들어와 반대편에는 이렇다 할 장식이 없다. 종합해 보면 아랍 세력이 이곳에 뿌리 깊게 문화적으로 스며 있는지 짐작이 된다. 이슬람 세력을 몰아낸 노르만은 성문을 다시 건설하지 않았을뿐더러 부조를 깎아내거나 교제하지도 않았다. 이런 것들이 이곳에서 관용의 문화로 자리 잡는 데 기여한 것으로 보인다.

이곳에서는 구시가를 둘러 볼 수 있는 여러 종류의 탈것들이 있다. 꼬마 기차, 이 층 버스, 작은 버스, 스쿠터를 개조한 것, 심지어 마차도 이곳에서 손님들을 기다리고 있다. 성문 안으로 들어오면 빌라 보나노(Villa Bonanno)라는 공원이 있어, 이런 탈것들을 이용하기에 편리하게 되어 있다. 우리도 공원에서 쉬면서 재충전하고 대성당으로 향했다.

ENTRATA ENTRY
Hop on
Hop off
HUDSON RIVER
1894
DOTTO TRAINS
CASTELFRANCO V.
ITALY

이른 점심을 먹은 탓인지 시간의 여유가 생겼다. 팔레르모 두오모 대성당을 보고 크기가 생각보다 커 약간 놀랐다. 필자의 카메라로는 뒤쪽으로 많이 광장 끝으로 물러나 사진을 찍어야 전체를 한 앵글에 담을 수 있었다.

TOILETS

이렇게 큰 성당을 건설하려면 정치적으로나 경제적으로 부유하고 장기간 안정된 왕권의 지배가 필요했을 것이다. 시칠리아는 지정학상 끊임없는 외침과 지배주도 세력들이 자주 바뀐 역사가 있다고 알고 있었는데, 필자의 편견이거나, 잘못 이해하고 있었던 것 같다.

광장이 보이는 곳에 이르자 어떤 행사를 준비하는지 거대한 마차에 머리를 화관으로 장식하고, 오른손에 꽃을 받치고 있는 황금색의 거대한 성녀, 로살리아 상이 흰색의 꽃받침 위에 타고 있다. 알고 보니 매년 7월 초에 17세기의 페스트로부터 팔레르모를 구한 성녀를 기리기 위한 축제가 열린다고 한다. 3개월 정도 지났는데도 처분하지 않은 것을 보면 매년은 아니라도 재활용하는 것 같다. 성당의 중앙 광장에는 성녀 로살리아의 커다란 동상이 팔레르모의 수호성인답게 인자한 모습을 하고 있다.

성당에 입장은 무료이지만 연관 시설인 루프탑과, 박물관 지하 묘지 등, 유료 옵션으로 들어 있어 몇 개의 요금이 설정되어 있다. 필자는 이것저것 다 챙겨보기보다는 루프탑에만 가보고 싶었으나, 지하 묘지가 있는 것을 택하였다. 입장하여 성당 내부는 나중으로 미루고 곧바로 루프탑에 올랐다.

이곳에 올라올 때 중간 지붕까지는 순서 없이 올라올 수 있지만 중앙회랑 위 관람 지역으로 가려면 줄을 서야 하고 일정 인원만 올려보내고 통제한다. 좁고 긴 통로이기에 교행하기 불편하여 관람을 마친 사람들이 내려오면 올려보내는 식이다. 사실 이렇게 관람 인원을 통제하는 것은 일반적이다. 이렇게 해야 안전하고, 시설도 보호할 수 있을 것이라는 생각이 들었다.

루프탑에 올라가기 전에 중간 지붕을 들르는데, 이곳을 거쳐야 루프탑에 가기 위한 대기 장소로 가게 된다. 그곳에는 초록색과 노란색의 얇은 기와로 된 작은 돔들이 있는데, 그것이 무엇인지는 성당 내부에 들어가 천장을 올려다본 후에 이해하였다. 작은 돔들을 자세히 보면 돔 위에 또 돔이 있고, 돔 자체는 초록색과 노란색의 둥근 물고기 비늘 모양으로 외부를 마감했다. 그리고 큰 돔과 작은 돔 사이에 유리로 된 원통으로 연결하여 성당 내부의 채광을 극대화한 구조이다. 이것을 보고 거대한 성당 내부의 채광 설계를 조금 이해를 했다.

관람객이 지붕에 올라간 곳은 일반 가옥으로 따지면 용마루에 해당하고, 이해하기 쉽게 긴 산의 능선에 해당한다. 그곳에 사람들이 다닐 수 있게 통로를 만들었으나 겨우 한 사람이 갈 수 있고 교행이 쉽지 않다. 그런 이유로 15명 내외 한 조가 올라가고, 앞 조가 완전히 빠져나가야 다음 조가 들어가는 식으로 운영한다.

시야가 탁 트인 좁고 긴 루프탑은 팔레르모 구시가 신시가가 모두 한눈에 들어오는 장소일 뿐 아니라, 특히 팔레르모의 파란색 가을 하늘 배경 속에 여러 성당의 큐폴라가 아름답게 배열된 환상적인 풍경을 볼 수 있는 멋진 장소이다. 필자뿐 아니라 모든 관람객이 한순간 사진 찍는 것도 잊고 경치만 감상하고 있었다. 잠시 후 멋진 경치와 주변을 사진으로 남기려는 사람들, 연인과 다정하게 셀카를 찍는 사람들, 모두 행복한 표정이다. 또한 성당 앞 광장이 한눈에 보여 또 다른 재미를 선사한다. 일부 사람은 광장에 있는 동료와 손 신호로 사진 찍기도 한다.

LICEO CLASSICO VITTORIO EMANUELE II
LICEO CLASSICO VITTORIO EMANUELE II

LICEO CLASSICO

LICEO CLASSICO VITTORIO EMANUELE II

필자도 사진을 몇 컷 찍었지만 늘 만족하지 못한다. 기껏해야 휴대폰으로 몇 장 찍고 말거나 조그만 디지털카메라로 찍는데, 이것마저 귀찮아 가끔 사용해 본다. 여기서 사진에 열중하다 주의할 것은 이곳은 바람이 거세니 모자를 조심해야 한다. 아예 벗어서 가방에 넣던지 해야 한다. 루프탑에 있는 사람들의 사진을 보면 모자 쓴 사람은 없다.

팔레르모의 성당 옥상이나 테라스, 루프탑에 올라가면 눈에 친숙한 색깔들이 있다. 지붕의 적갈색과 벽의 황갈색이 가장 흔하고 그다음은 황록색이다. 황록색으로는 주로 돔이나 지붕, 슬래브 등에 물결 문양으로 마무리한다.

루프탑을 내려와 성당 내부를 둘러보았다. 내부는 역시 삼랑식 구조인데, 중앙 회랑의 중앙 돔 성전 부분은 천장에 아름다운 프레스코화로 장식되어 있으나, 돔을 비롯하여 입구 쪽은 베이지색 일색의 단순한 기하학적 무늬만 있다. 좌우의 회랑 천정은 작은 돔이 연달아 있어 채광 효과를 극대화했다. 이 돔은 조금 전 루프탑 올라갈 때 중간 지붕에서 보았던 작은 돔이었고, 그 역할에 대해 이해가 되었다. 이 천장 돔은 중앙 돔과 마찬가지로 프레스코화는 없고 일정 간격으로 회랑을 구성하는 기둥 사이에 있다. 좌우의 회랑은 종방향으로 아치 구조로 중앙 회랑과 분리되고 각 기둥에는 작은 대리석 조각으로 장식한 것 외에는 아무런 장식이 없는 소박한 형태이다.

대성당을 나와 아내와 의논하여, 1시간 반 정도 각자의 자유 시간을 갖기로 했다. 필자는 비교적 먼 거리에 있는 시칠리아 주립 미술관을 방문하고, 아내는 본인의 자유시간을 보낸 후 콰트로 칸티에서 약속 시간에 만나기로 했다.

시칠리아 주립 미술관(Galleria Regionale della Sicilia-Palazzo Abatellis)에 가고자 하는 것은 유명한 작가, 안토넬로 다 메시나(Antonello da Messina)의 '수태고지', 작가 미상의 '죽음의 승리' 그리고 이곳에 컬렉션들이 다양하여 둘러볼 목적이다. 미술관은 이곳 관리 아바텔리스의 궁전이었으나 2차대전 당시 폭격으로 부서졌던 것을 수리하여 미술관으로 개조한 것이다.

오후 3시가 훨씬 넘은 시각이라 혹시 문을 일찍 닫지 않나 걱정돼 빠른 걸음으로 서둘러 도착하였다. 다행히 문을 닫지 않았고 방문한 시각이 관광객들이 붐비는 시간이 아닌 오후 중간 시간이라서 오랜만에 호젓하게 작품을 감상할 수 있었다.

우측 사진의 '죽음의 승리'는 원래 프레스코화인데 2차대전 당시 폭격으로 완전 훼손 위기를 당하자 떼어내 4조각으로 분리 보관하던 것이다. 그림을 자세히 보지 않더라도 4조각으로 잘린 자국이 선명하다. 어쩌면 밀라노에 있는 레오나르도 다 빈치의 프레스코화 '최후의 만찬'과 운명이 비슷하다. 이 그림이 더 유명한 것은 후대의 걸출한 예술가인 피카소의 작품 '게르니카' 나오는 말머리의 그림이 똑같다는 점이다. 아이러니하게도 피카소 자신도 "훌륭한 예술가는 베끼고, 위대한 예술가는 훔친다"라고 한 것처럼 훔쳤다고 볼 수 있다.

그 아래 사진, 안토넬로의 수태고지는 목판에 그린 것으로 거의 모든 수태고지 작품에 그려져 있는 천사와 성령의 비둘기가 보이지 않는다. 평범해 보이는 여인의 시선이 관람자의 왼쪽에 있는 동행인을 보며 담담한 표정이다. 이 작품은 그래서 더 명성을 얻었다고 한다. 처음에 필자도 별 감흥이 없었으나 글을 쓰기 위해 자꾸 보니, 마치 레오나르도 다빈치의 모나리자처럼 묘한 매력에 빠진다.

미술관에는 관심을 끄는 여러 작품이 많으나, 서로 다른 두 점의 최후의 만찬 작품이 있어 눈길을 끌었다.

그 외에 성경 속의 내용인 '홀로페르네스의 목을 베는 유디트'는 그림 속의 유디트 시선이 관람자를 향하고 있어 오래 바라보기가 부담스럽다.

미술관을 나와 약속 장소인 콰트로 칸티에서 아내를 만나 팔레르모 번화가와 골목 구경을 다녔다. 이곳에서는 베란다에 빨래를 넌다든지, 꽃으로 장식하는 것이 보편화된 문화이다.

집 앞을 화려한 인형으로 장식한 집도 있고, 현지인들이 식당에서 담소하며 음식을 즐기는 모습은 평화로운 도시의 모습이다. 거기에 더해 길가에 자리를 펴고, 개 두 마리와 함께 편안하게 자는 사람이 있어 인상적이고 더욱더 평화로워 보이고, 도시가 관대해 보인다.

분주하게 돌아다니거나 서두르거나 하지 않은 날인데도 걸음 수가 2만 보를 훌쩍 넘었다. 오늘이 토요일이라서 일부 시설들은 문을 닫은 곳도 있어 숙소로 향하였다.

아름다운 팔레르모를 떠나는 날

팔레르모에서 마지막 날인 오늘은 저녁 8시 15분에 출발하는 페리를 타고 나폴리로 가는 날이다. 숙소에서 체크아웃하고 숙소 인근에 오며 가며 보아둔 주차 공간에 차는 두고, 시내는 택시를 타고 가기로 했었다. 그러나 계획을 바꾸어 차를 시내 가까이 주차하고 걸어가 택시비를 절약하기로 했다. 하루 온전히 여유가 있으니, 저녁때까지 아직 미진한 곳을 둘러보고 5시에 부두로 갈 예정이었다. 시내에 유료 주차비와 택시비가 비슷하나 페리를 타기 위해 갈 때 좀 더 편리하기 때문이다. 일요일이고 운이 좋아 시내에서 가깝고 ZTL 구역 밖에 있는 무료 주차 공간을 쉽게 찾아, 비용을 절약할 수 있어서 다행이었다.

0 - 24

차에서 걸어서 5분 거리의 포르타 누에바에 도착하여 어제 보아 두었던 꼬마 기차를 타고 구시가를 한 바퀴 돌았다. 경로는 차량 통행이 가능한 시내 골목과 외곽을 돌아 콰트로 칸티까지 관통한다. 이미 우리가 걸었던 길도 있었지만, 외곽 길들은 생소하다.

꼬마 기차에서 내린 후 산책하듯 걸어, 보나노 공원을 거쳐 대성당 앞으로 갔다. 삼일을 부지런히 다니면서 아직 이곳 커피 맛을 보지 못해 어제 보아 두었던 카페로 갔다. 그런데 신기하게도 성당 앞 카페에서는 호객도 한다. 커피를 목적으로 한 것이 아니라 배고픈 관광객 대상으로 음식을 파는 것이다. 마침 점심시간이 가까워 아침 식사를 거르는 사람들이 배가 고플 시간이다. 망설이다가, 커피를 마실 수 있냐고 묻자 90도로 허리를 굽힌다. 약간 골목길 입구의 경사가 살짝 있는 카페 밖 자리에 앉았다. 먼 나라 섬에 와서 아내와 마주 앉아 따듯한 커피를 마시며 잠시 지나온 여정을 생각해 보았다. 좌충우돌 돌아다닌 지난 며칠의 기억들이 커피 향과 함께 코끝에 잠시 머물다 사라진다.

커피를 마신 후 첫날 대충 둘러보았던 마시모 극장을 향해 큰길이 아닌 작은 골목길을 따라서 가 보았다. 정비를 했다고는 하지만 구시가라 직선 길은 많지 않아 골목이 정겹게 느껴졌다.

점심때가 가까워 어제 봐두었던 식당으로 향했다. 콰트로 칸티에서 가까운 문어 요리 전문점인데 큰 길가에 있고 인테리어나 소품들이 깔끔해 보였었다. 음식 맛은 물론 모르지만 그래도 이런 분위기면 괜찮을 것 같다. 식당 주변은 고급 숙소들도 있고, 고급 식당들이 들어서 있다.

LEGATORIA
VENTURI—TERESA

HOTEL
POLPO
OSTERIA DI MARE
POLPO
OSTERIA DI MARE

POLPO

POLPO
OSTERIA DI MARE
VESPRI

POLPO

우리가 자리 잡고 주문하고 있으니, 자리가 꽉 차서 기다리는 손님이 생기기 시작했다. 음식을 주문하고, 손을 씻을 겸 식당 안쪽을 들어가 보았다. 역시 인테리어 깔끔하고 정돈이 잘 돼 있었으며 무척 청결했다. 나도 모르게 휴대폰으로 사진을 찍었더니 종업원이 엄지를 치켜든다.

식사를 마친 후 오전에 꼬마 기차를 타고서 시내 유람을 할 때 보아 두었던 시티 공원과 시민들의 휴식처인 바닷가 방향으로 천천히 걸어갔다. 공원에는 마침 일요장이 열려, 한동안 이것저것 구경을 했지만, 여행자가 살만한 물건은 없었다.

일요장을 떠나 바닷가에 도착하자 현지인들의 요트 계류장에 요트들이 가지런히 세워져 있고, 해안가 모래사장에는 시민들이 한가롭게 휴일 오후를 즐기고 있다.

우리는 이곳에서 페리 승선장이 가까우므로 차를 가져온 후 이곳에서 휴식을 취하기로 했다. 차 있는 곳은 시의 반대 방향이라 걸어서는 20분 걸리는 만만치 않은 거리다. 아내는 이곳에서 산책하는 동안, 시간 여유가 있기 때문에 걸어가 차를 가져와 선착장에서 멀지 않은 카페 근처에 주차했다. 아내와 만나 승선까지는 한 시간의 여유가 있어, 인근의 카페에서 느긋하게 차를 마셨다.

나폴리로 가는 페리는 저녁 8:15에 출발하지만 2시간 전인 오후 6:15까지 승선하라는 안내가 있다. 나폴리까지는 10시간 15분 항해 후 내일 아침 6:30 도착 예정이다. 저녁 식사와 아침 식사는 페리 예약할 때 주문해 놓았다. 사실 나폴리 항이 세계 3대 미항으로 알려졌지만, 일부 여행자는 나폴리를 갔다 와서는 고개를 흔든다. 지저분한 골목, 소매치기 등 미항과는 거리가 멀다는 것이다. 그런데 미항 기준은 육지에서 골목 풍경을 말하는 것이 아니고 선원들이 입항할 때 바다에서 본 도시의 모습이라고 한다.

우리 부부가 15일간의 시칠리아와 몰타 여행의 종착역에 와 있다. 그간 시행착오도 많았고, 욕심을 부리며 일정 강행, 숙소 주인과 에어컨 문제로 갈등 등 여행 중 있을 수 있는 난관을 무사히 극복한데 감사한다. 말은 못 하지만 무난하게 수많은 목적지로 데려다준 렌터카에도 고마운 마음을 느낀다. 평소에 가끔 다툼이 있었던 아내와는 다툼 없이 지냈지만, 아내가 많이 참아준 덕이라 고맙다는 말을 전하고 싶다. 그리고 언젠가는 다시 올 수도 있다는 기대를 가슴에 묻어 두고 페리에 승선했다. 이제 새벽 바다에서 나폴리 항을 바라보며, 잊지 못할 시칠리아와 몰타 여행을 추억 속에 담아두려 한다.